# 知识图谱技术与应用研究

菊　花　哈申花　著

吉林科学技术出版社

图书在版编目（CIP）数据

知识图谱技术与应用研究 / 菊花，哈申花著. -- 长春：吉林科学技术出版社，2022.4
ISBN 978-7-5578-9320-0

Ⅰ. ①知… Ⅱ. ①菊… ②哈… Ⅲ. ①知识管理—研究 Ⅳ. ①G302

中国版本图书馆 CIP 数据核字(2022)第 072949 号

# 知识图谱技术与应用研究

| | |
|---|---|
| 著 | 菊 花　哈申花 |
| 出版人 | 宛 霞 |
| 责任编辑 | 孔彩虹 |
| 封面设计 | 林忠平 |
| 制 版 | 林忠平 |
| 幅面尺寸 | 185mm × 260mm |
| 开 本 | 16 |
| 字 数 | 227 千字 |
| 印 张 | 10.25 |
| 印 数 | 1–1500 册 |
| 版 次 | 2022年4月第1版 |
| 印 次 | 2022年4月第1次印刷 |

出 版　吉林科学技术出版社
发 行　吉林科学技术出版社
地 址　长春市南关区福祉大路5788号出版大厦A座
邮 编　130118
发行部电话/传真　0431-81629529　81629530　81629531
　　　　　　　　　81629532　81629533　81629534
储运部电话　0431-86059116
编辑部电话　0431-81629510
印 刷　廊坊市印艺阁数字科技有限公司

书 号　ISBN 978-7-5578-9320-0
定 价　48.00元

# 前　言

知识图谱是一种大规模语义网络，已经成为大数据时代知识工程的代表性进展。知识图谱技术是实现机器认知智能和推动各行业智能化发展的关键基础技术。知识图谱也成为大规模知识工程的代表性实践，其学科日益完善。

自 2012 年 Google 发布知识图谱以来，知识图谱技术飞速发展，其理论体系日趋完善，应用效果日益明显。在知识图谱技术的引领下，知识工程新的历史篇章——大数据知识工程已初具轮廓；在知识图谱技术的推动下，各行各业的智能化升级与转型的宏伟画卷正逐步展开。回溯半个多世纪，以物理符号系统为代表的人工智能符号主义理论思潮与以专家系统建设为核心的知识工程实践相得益彰、大放异彩。再回溯到 2000 多年前，追根溯源，古希腊哲学三贤开创了伟大的逻辑思维时代，其思想直接或间接地影响了从符号主义到知识工程再到知识图谱的历史延承与发展。

发生在当下的以大数据、人工智能为代表的一系列技术革命很可能是人类诞生以来最为宏大也是影响最为深远的技术革命。站在当下这一重要时间节点，回望过去，展望未来，每个亲历者都不免心潮澎湃，感慨时代变迁之伟大，个人沉浮之渺小。然而，伟大的时代往往是由星星点点的思想与细小而坚实的实践铸就而成的。本书就是这样一支涓涓细流，愿其最终汇入时代的大江大河。

从鸦片战争时国门被迫打开，到五四运动时民众自发觉醒，再到新中国成立后西方优质思想被积极引进，西学东渐的进程绵延不绝、持续至今。直到今天，我们对于整个西方思想的吸收与消化仍在进行。在某种程度上，知识图谱技术及其背后的思想也源自西方人工智能思想。在当下中国的知识图谱技术实践过程中，简单地消化与吸收西方人工智能思想已经难以满足国家与社会的发展需求。在越来越多的应用领域和核心技术方面，我们需要来自中国的创新，需要形成中国自身的话语权，导致我国各行业的智能化发展对于原创性理论与技术提出了迫切需求，我国的研发不仅需要面向实际问题，更需要足够前沿，才有可能支撑行业的智能化发展。我们必须从西方思想的传声筒转变成自己思想体系的架构者与践行者，言必称西方应该

# 前　言

知识图谱是一种大规模语义网络，已经成为大数据时代知识工程的代表性进展。知识图谱技术是实现机器认知智能和推动各行业智能化发展的关键基础技术。知识图谱也成为大规模知识工程的代表性实践，其学科日益完善。

自 2012 年 Google 发布知识图谱以来，知识图谱技术飞速发展，其理论体系日趋完善，应用效果日益明显。在知识图谱技术的引领下，知识工程新的历史篇章——大数据知识工程已初具轮廓；在知识图谱技术的推动下，各行各业的智能化升级与转型的宏伟画卷正逐步展开。回溯半个多世纪，以物理符号系统为代表的人工智能符号主义理论思潮与以专家系统建设为核心的知识工程实践相得益彰、大放异彩。再回溯到 2000 多年前，追根溯源，古希腊哲学三贤开创了伟大的逻辑思维时代，其思想直接或间接地影响了从符号主义到知识工程再到知识图谱的历史延承与发展。

发生在当下的以大数据、人工智能为代表的一系列技术革命很可能是人类诞生以来最为宏大也是影响最为深远的技术革命。站在当下这一重要时间节点，回望过去，展望未来，每个亲历者都不免心潮澎湃，感慨时代变迁之伟大，个人沉浮之渺小。然而，伟大的时代往往是由星星点点的思想与细小而坚实的实践铸就而成的。本书就是这样一支涓涓细流，愿其最终汇入时代的大江大河。

从鸦片战争时国门被迫打开，到五四运动时民众自发觉醒，再到新中国成立后西方优质思想被积极引进，西学东渐的进程绵延不绝、持续至今。直到今天，我们对于整个西方思想的吸收与消化仍在进行。在某种程度上，知识图谱技术及其背后的思想也源自西方人工智能思想。在当下中国的知识图谱技术实践过程中，简单地消化与吸收西方人工智能思想已经难以满足国家与社会的发展需求。在越来越多的应用领域和核心技术方面，我们需要来自中国的创新，需要形成中国自身的话语权，导致我国各行业的智能化发展对于原创性理论与技术提出了迫切需求，我国的研发不仅需要面向实际问题，更需要足够前沿，才有可能支撑行业的智能化发展。我们必须从西方思想的传声筒转变成自己思想体系的架构者与践行者，言必称西方应该成为过去时。研究环境的这一变化对于本书的编写提出了全新的要求。本书希望在梳理西方思想体系与应用实践的基础之上，对发生在当下中国的一些前沿实践、关键技术、实用方法，以及这些实践背后的思想体系，进行全面的总结，为一线的从业人员、教学人员提供必要的理论与技术论支撑。

本书的章节布局，共分为9章。第1章介绍知识图谱的基本概念、历史沿革、研究意义、应用价值等；第2章主要介绍了关系抽取（从文本中获取关系实例），即概念图谱（第4章）与百科图谱（第5章）的构建展开了具体介绍。这两类知识图谱在知识图谱技术发展历程中有着突出地位，有很多实际应用。对其中的两个专题：众包构建（第6章）与质量控制（第7章）展开介绍。当前的知识图谱构建还离不开人，如何把人力用好是第6章的主题。质量控制是知识图谱构建的核心，第7章从质量视角再次盘点整个知识图谱构建的全流程。

可以看出，我们在构建部分浓墨重彩，从构建的关键环节（词汇挖掘、实体识别、关系抽取）、两类重要知识图谱的构建，以及构建的两个专题等三个切面对知识图谱构建进行了全方位的论述。其目的在于向读者立体式地呈现知识图谱构建的完整体系。这也从一个侧面说明了知识图谱知识体系的庞杂。对于基于知识图谱的应用技术展开介绍，包括基于知识图谱的语言认知应用实践（第8章）、基于知识图谱的搜索与推荐应用实践（第9章）。

本书在撰写过程中，参考、借鉴了大量著作与部分学者的理论研究成果，在此一一表示感谢。由于作者精力有限，加之行文仓促，书中难免存在疏漏与不足之处，望各位专家学者与广大读者批评指正，以使本书更加完善。

# 内容简介

近年来，随着知识图谱技术研究与应用的深化，知识图谱技术吸引了来自工业界与学术界的广泛关注。知识图谱领域涌现出大量的理论与技术研究成果，以及一批优秀的工程实践案例。一方面，对于这些理论工作与工程实践，需要进行系统性的梳理；另一方面，随着研究与应用的深入，业界也迫切需要一本系统性的知识图谱教材。鉴于此，本书编写团队投入巨大的资源与精力完成了本书。知识图谱是一门综合性强、涉及多学科的新型交叉学科。不同学科背景的学者看待知识图谱有着不同的视角，很容易得出不同的观点与结论。

# 目　录
## CONTENTS

# 第1章 知识图谱概述

## 1.1 知识图谱的基本概念

从2012年Google公司提出"知识图谱（Knowledge Graph）"到今天，知识图谱技术发展迅速，而伴随着大数据与人工智能技术的飞速发展，知识图谱的内涵也越来越丰富。本节首先介绍知识图谱的狭义与广义概念。狭义的知识图谱特指一类知识表示，本质上是一种大规模语义网络。广义的知识图谱是大数据时代知识工程一系列技术的总称，在一定程度上指代大数据知识工程这一新兴学科。

### 1.1.1 知识图谱的狭义概念

#### 1.1.1.1 知识图谱作为语义网络的内涵

"知识图谱"一词在提出之初特指Google公司为了支撑其语义搜索而建立的知识库。随着知识图谱技术应用的深化，知识图谱已经成为大数据时代最重要的知识表示形式。作为一种知识表示形式，知识图谱是一种大规模语义网络，包含实体（Entity）、概念（Concept）及其之间的各种语义关系。

理解知识图谱的概念，要掌握两个要点：第一，其是语义网络，这是知识图谱的本质；第二，其是大规模的，这是知识图谱与传统语义网络的根本区别。语义网络是一种以图形化的（Graphic）形式通过点和边表达知识的方式，其基本组成元素是点和边。

实体。实体有时也会被称作对象（Object）或实例（Instance）。何为实体，这是哲学家们长期追寻与探索的问题，时至今日尚未形成共识。黑格尔在《小逻辑》一书里曾经给实体下过一个定义："能够独立存在的，作为一切属性的基础和万物本原的东西。"也就是说，实体是属性赖以存在的基础，并且必须是自在的，即独立的、不依附于其他东西而存在的。比如身高，仅仅说身高是没有意义的，说"哲学家"这个类别的身高也是没有意义的，而必须说某个具体的哲学家的身高，这才是有明确所指且有意义的。理解何为实体，对于进一步理解属性、概念是十分必要的。

概念。概念又被称为类别（Type）、类（Category或Class）等。比如"哲学家"，不是指某一个特定的哲学家，而是指一类人，这一类人有着相同的描述模板，构成一个类或者概念。概念所对应的动词是"概念化"（Conceptualize）或者"范畴化"（Categorize）。概念化一般指识别文本中的相关概念的过程。比如，文本"柏拉图与苏格拉底的哲学思想"显然与"哲学家"这一概念相关。范畴化在一些场景下指实体形成类别的过程。比如，一个新的哲学流派是由若干有着类似哲学思想的哲学家组成的，这一流派形成的过程就是一个典型的范畴化过程。另外，范畴化有时也指将特定实体归到相应类别的过程。比如，柏拉图可以归类到唯心主义哲学家这一类别。需要指出的是，在不同的实际应用中，英文"Type""Class"及"Concept"的含义是略有差异的。

值。每个实体都有一定的属性值。属性值可以是常见的数值类型、日期类型或者文本类型。比如，希腊共和国的国土面积是"131 957平方公里"，这是数值类型；柏拉图的出生年份是"公元前427年"，这是日期类型；柏拉图的英文译名是"Plato"，这是文本类型。

知识图谱中的边可以分为属性（Property）与关系（Relation）两类。属性描述实体某方面的特性，比如人的出生日期、身高、体重等。属性是人们认知世界、描述世界的基础。关系则可以认为是一类特殊的属性，当实体的某个属性值也是一个实体时，这个属性实质上就是关系。比如，某个人的父亲是一个特定的人物实体，因此"父亲"可以认为是一条关系。

在很多文献与实际应用中，往往将属性与关系混用，未严格地从属性中区分出关系。关系对于知识图谱上的多步遍历以及沿着语义关系的长程推理十分重要。而知识图谱上的推理操作一旦遇到一个属性，就意味着推理结束。比如，要想知道柏拉图的导师的出生时间，需要先在知识图谱中从"柏拉图"沿着"导师"关系找到"苏格拉底"，再沿着"苏格拉底"的"出生时间"属性找到最终答案，最后整个推理过程即宣告结束。

语义网络中的边按照其两端节点的类型可以分为概念之间的子类（subclassOf）关系、实体与概念之间的实例（instanceOf）关系，以及实体之间的各种属性与关系。实体与概念之间是instanceOf（实例）关系，比如，"柏拉图"是"哲学家"的一个实例。概念之间是subclassOf（子类）关系，比如，"唯心主义哲学家"是"哲学家"的一个子类。实体与实体之间的关系十分多样，比如，"苏格拉底"与"柏拉图"之间是师生关系，"柏拉图"的代表作品之一是"《理想国》"。

### 1.1.1.2 知识图谱与传统语义网络的区别

知识图谱与传统语义网络有什么区别？这一问题的答案决定了知识图谱的存在价值。知识图谱与传统语义网络最明显的区别体现在规模上：知识图谱规模巨大，此外，还体现在其语义丰富、质量精良、结构友好等特性上。

（1）规模巨大。知识图谱具有巨大的规模，也就是说知识图谱中的点、边的数量巨大。比如，Google知识图谱在2012年发布之初就有近5亿个实体和10亿多条关系，而如今的规模就更大了。知识图谱的规模之所以如此巨大，是因为它强调对于实体的覆盖。比如，"哲学家"作为一个类别在知识图谱里涵盖了数以万计诸如"柏拉图"这样的实体。知识图谱因为其规模巨大而被认为是大知识（Big Knowledge）的典型代表。

（2）语义丰富。语义丰富体现在两个方面。首先，知识图谱富含各类语义关系。一个典型的知识图谱，比如DBpedia，包含了1000多种常见的语义关系。关注不同语义关系的知识图谱互联到一起，就基本能涵盖现实世界中常见的语义关系。其次，语义关系的建模多样。一个语义关系可以被赋予权重或者概率，从而可以更精准地表达语义。比如，同样是柏拉图的作品，《理想国》就比《对话录》更为人们所熟知，从而常被赋予更高的关系权重。

（3）质量精良。知识图谱是典型的大数据时代的产物。大数据的多源特性使得我们可以通过多个来源验证简单事实。比如，《理想国》的作者是否是柏拉图，可以根据互联网上的多个不同来源进行交叉验证。如果大部分来源支持某一事实，基本就可以推断这一事实为真。此外，各类众包平台的出现也有助于实现大规模知识验证。

（4）结构友好。知识图谱通常可以表示为三元组，这是典型的图结构。三元组也可以借助RDF（Resource Description Framework）进行表示。无论是图数据还是RDF数据，均是数据库领域的重要研究对象，数据库领域已经针对这些数据类型发展出了大量有效的管理方法。这使得知识图谱相对于纯文本形式的知识而言对机器更友好。因此，知识图谱可以作为机器认知世界所需的背景知识来使用。

事物都有两面性，知识图谱的优点与其缺点相伴而生。知识图谱在规模上的变化也决定了知识图谱从知识获取到知识应用均与传统语义网络存在显著区别。这些区别构成了知识图谱构建与应用的独特挑战，分别论述如下。

（1）高质量模式缺失。提升知识图谱的规模往往会付出质量方面的代价。构建知识图谱的初衷是为了适应开放性环境下的知识需求。为了让更多的知识入库，势必要适当地放宽对于知识质量的要求。传统数据库与知识库对于其中的数据或知识有着严格的定义，对能够入库的数据有着严格约束。但精准且严格的定义往往是十分困难的，比如，可以预先定义人的"身高"取值范围为0.5～2.3m，但可能存在某个人，其身高达到2.31m。再比如，"妻子"作为一条关系通常只有单一取值，不可以是多值的，但是古代人未必如此，当今世界的某个偏远部落也未必如此。几乎所有的严格定义都容易遭遇特例。因此，知识图谱在设计模式时通常会采取一种"经济、务实"的做法：也就是允许模式（Schema）定义不完善，甚至缺失。模式定义不完善或缺失对知识图谱中的数据语义理解以及数据质量控制提出了挑战。

（2）封闭世界假设不再成立。传统数据库与知识库的应用通常建立在封闭世界假设（Closed World Assumption，CWA）基础之上。CWA假定数据库或知识库中不存在（或未观察到）的事实即为不成立的事实。很显然，这是一个较强的假设，只适用于封闭领域。大多数开放性应用不遵守这一假设。也就是说，在这些应用中缺失的事实或知识未必为假。比如，很难保证知识图谱中关于柏拉图的信息完整，很可能会缺失柏拉图父母的信息。但常识告诉我们柏拉图一定有父母。不遵守CWA给知识图谱上的应用带来了巨大的挑战。

（3）大规模自动化知识获取成为前提。知识图谱规模巨大，其实现依赖大规模自动化知识获取。传统知识工程依赖专家完成知识获取，这一方式难以实现大规模知识获取，难以满足知识图谱的规模要求。大规模自动化知识获取是知识图谱与传统语义网络的根本区别之需要注意的是，大规模自动化知识获取的方式是多样的，可以从文本中自动抽取，也可以基于大规模众包平台的知识标注，还可以是多种方式混合。但不管是哪种具体的实现方式，大规模知识获取都是知识图谱构建所必需的。如果仍然以传统人工方式开展小规模知识获取，那么其与传统知识工程的做法没有本质差别。

### 1.1.1.3　知识图谱与本体的区别

除了与语义网络的区别外，另一个经常被问及的问题是知识图谱与本体（Ontology）的区别。本体源于哲学中的本体论，侧重于对存在进行规定和刻面。人工智能领域提出本体的一个重要动机是，知识的共享与复用，以及数据的互联与互通。不同的自治系统（比如不同的网站、不同的机器）只有遵循相同的"世界观"，才有可能形成类似的"理解"。语义网（Semantic Web）领域发展出了很多本体定义语言与资源交换标准。因此，计算机领域的本体侧重于表达认知的概念框架，表达概念之间的语义关系，往往也伴随着刻画概念的公理系统。

本体刻画了人们认知一个领域的基本框架。框架与实例之间的关系好比人的骨骼与血肉之间的关系。没有框架，无法支撑机器对于世界或者某个特定领域的理解，框架是认知的核心与灵魂。但是只有框架没有实例，就好比精神很好但四肢无力，也无法实现机器智能。为机器定义本体，就好比将我们的世界观传递给机器。显然，这一工作需要人类专家完成，这也是人类不可推卸也不愿推卸的责任，因为我们不希望机器违背我们的认知框架。相比较而言，知识图谱富含的是实体以及关系实例。

## 1.1.2　知识图谱的广义概念

知识图谱技术发展到今天，其内涵已经远远超出了语义网络的范围，在实际应用中它被赋予了越来越丰富的内涵。如今，在更多实际场景下，知识图谱作为一种技术体系，指代大数据时代知识工程的一系列代表性技术的总和。本书将大数据时代这一新时期的知识工程学科简称为大数据知识工程（Big Data Knowledge Engineering，BigKE），这是传统知识工程在大数据时代的延续。"知识工程"是由 Edward Feigenbaum在1977年的IJCAI（The 5th International Joint Conference on

Artificial Intelligence）上首次提出的，是指以开发专家系统（Expert System，又称为 Knowledge-based System）为主要内容，以让机器使用专家知识以及推理能力解决实际问题为主要目标的人工智能子领域。

知识图谱的诞生宣告了知识工程进入大数据时代。知识图谱是大数据知识工程的代表性进展。2017年我国学科目录做了调整，首次出现了知识图谱学科方向，教育部对于知识图谱这一学科的定位是"大规模知识工程"。需要指出的是，知识图谱技术的发展是一个循序渐进的过程，其学科内涵也在不断发生变化。最近有学者提出大数据知识工程和大知识工程（Big-Knowledge Engineering）均与知识图谱的发展有着密切的联系。

作为一门学科，知识图谱属于人工智能范畴。在人工智能这个庞大的学科体系中，知识图谱有着非常清晰的学科定位。人工智能的基本目标是让机器具备像人一样理性地思考或者行事的能力。实现人工智能思路众多，符号主义是主流思路之一。在符号主义思潮的引领下，在Feigenbaum等人的推动下，知识工程在20世纪70—80年代进入快速发展的时期。知识工程在很多领域，尤其是医疗诊断领域，取得了突破性的进展。知识工程的核心内容是建设专家系统，旨在让机器能够利用专家知识以及推理能力解决实际问题。

在整个知识工程的分支下，知识表示是一个非常重要的任务。为了有效应用知识，首先要在计算机系统中合理地表示知识，所以知识表示是发展知识工程最关键的问题之一。而知识表示的一个重要方式就是知识图谱。知识图谱侧重于用关联方式表达实体与概念之间的语义关系。需要强调的是，知识图谱只是知识表示的一种。除了语义网络外，谓词逻辑、产生式规则、本体、框架、决策树、贝叶斯网络、马尔可夫逻辑网等都可以被认为是知识表示的形式。这些知识表示表达了现实世界中各种复杂的语义与逻辑。

## 1.2　知识图谱的历史沿革

知识图谱源于20世纪70年代的专家系统与知识工程。从知识工程的提出之日起，学术界和工业界就相继推出了一系列知识库。直到2012年，Google推出了面向互联网搜索的大规模知识图谱，这才宣告了知识图谱的诞生。知识图谱的内涵要从历史沿革角度加以理解。本节将首先回顾知识图谱的"前世"（传统知识工程），然后阐述知识图谱的"今生"（大数据知识工程）。本节论证一个观点：以知识图谱为代表的大数据知识工程的产生具有历史必然性。

### 1.2.1 知识图谱溯源

#### 1.2.1.1 传统知识工程

知识工程源于符号主义。符号主义认为知识是智能的基础。早期的人工智能专家认为，不管是机器智能还是人的智能，本质都是符号的操作和运算。传统人工智能专家认为人工智能的核心问题是知识表示、推理和应用。这一观点与当前机器学习成为人工智能热点形成鲜明对照。早期的人工智能研究十分关注让机器拥有人类知识（特别是专家知识），让机器具备知识表示、推理和应用能力。

符号主义的思潮推动了知识工程的发展，成就了包括Feigenbaum、马文明斯基在内的一批杰出人物。传统知识工程曾经解决了一系列实际问题，比如，计算机系统的自动配置、蛋白质结构的发现、机器数学定理的证明等。但是总体而言，传统知识工程解决的仍然是简单问题。

传统知识工程所成功解决的问题普遍具有规则明确、应用封闭的特点，比如几何定理的证明。欧氏几何体系是建立在几条公理基础之上的，通过明确且有限的规则可以从公理推导出所有推论。在整个推理过程中，规则是明确的，应用是封闭的（不涉及几何定理证明以外的任何知识）。

传统知识工程的上述局限性，归根结底是由于其严重依赖人的干预。通过对典型专家系统MYCIN的剖析，我们可以窥见传统知识工程对于人力的严重依赖。首先，MYCIN需要领域专家的参与。领域专家需要把自己的业务知识，比如医生的诊断与治疗知识，准确且充分地表达出来。其次，需要知识工程师的参与。知识工程师需要将领域专家的知识形式化，转换成计算机能够处理的结构与形式。再次，需要用户的反馈。用户反馈是持续改进专家系统的源头。所以，传统的专家系统需要借助大量的人力参与。

#### 1.2.1.2 传统知识工程的局限性

以人为基础的知识表达、获取与应用方式极大地限制了知识库的规模与质量，造成了知识表示与获取方面的诸多困难，分别介绍如下。

（1）隐性知识与过程知识等难以表达。专家经验与知识往往是隐性的，难以表达，比如中医看病的知识。隐性知识外显一直以来是困扰传统知识管理的难题之一。另外，有很多过程知识也是难以表达的。比如，如何做蛋炒饭的知识，显然无法简单地表示为相关食材与原料之间的关系。隐性知识与过程知识难以外显与表达的一个重要原因在于，很多知识从根本上讲是很难表征的。

（2）知识表达的主观性与不一致性。每个人认识世界的角度不同，从个人视角所表达的知识存在主观性与不一致性。人类认识世界的步伐从未停止，我们的世界图景也在不断刷新。因此，专家认知有差异、有冲突是常态。比如，在我国仍有一些疾病的治疗还未形成治疗标准，这很大程度上也是专家认知主观性与不一致性的结果。认知的主观性与不一致性的深层次原因是，人类的认知存在模糊性。比如，认知的基本任务之一物体归类就存在模糊性。对于一个足够矮的有柄的杯子，归类到杯子还是碗，不同人往往会做出不同的选择。

（3）知识难以完备。很多开放性应用所需要的知识几乎是无穷无尽的。比如，在互联网搜索引擎平台上，用户可能搜索的事实或知识几乎是无法穷尽的。面向开放性系统进行完备的知识表示难以实现。即便在相对封闭的应用中，完备的知识表示也是专业性要求极高的任务。比如，对于几何定理的证明，构建完备的规则系统是一件困难的事情。大部分知识表示系统需要十分复杂的理论证明过程才能证明其完备性。

（4）知识更新困难。知识是有时效性的，比如，每次总统竞选后可能会有新的总统上任。能否及时更新知识库中的知识，关系到知识库在实际应用中是否有效。基于人工的知识获取很难做到实时更新，因为无论是知识工程师、领域专家，还是用户，都无法做到全天候在线。在很多时间敏感的应用领域中，知识更新的滞后是难以接受的。比如，在传媒行业，即便几小时的滞后也是难以接受的。

传统知识工程在知识表示与获取方面的诸多缺陷限制了知识应用的效果。这一结果的根本原因在于，传统知识工程难以适用于开放性应用。大部分实际应用属于开放性应用，很容易超出预先设定的知识库边界。人们往往简单地认为领域性应用是相对封闭的，但是很多领域的封闭性是假象。比如，金融的智能化应用似乎与娱乐人物毫无关联，但是如果该娱乐人物参演了某个电影公司的电影，而该公司又是上市公司，那么他们之间显然就有着相当强的关联。事实上，事物之间普遍存在关联，万事万物都身处一个巨大的因果关联网络之中。因此，只要实际应用不是绝对封闭的（比如，围棋游戏、几何定理证明），就很容易超出预先设定的知识库边界。

对于常识知识（Commonsense Knowledge）的需求更加大了传统知识工程应用中的困难。很多实际应用需要常识支撑。常识是我们每个人都熟知而不用言明的知识。比如，人会走路、一个人要么是男人要么是女人。目前常识知识库仍然十分匮乏，机器理解常识的水平仍然十分有限。很多"智能"机器表现得像"智障"机器，这或多或少都与常识缺失有关。

## 1.2.2　大数据知识工程

### 1.2.2.1　互联网与大数据应用催生了知识图谱

随着互联网的兴起，大数据时代到来，互联网和大数据催生了新时期的知识工程。传统知识工程难以适应互联网时代的大规模开放性应用的需求。互联网应用的特点如下。

规模巨大。互联网用户在不断地创新搜索需求，创造新的搜索关键词，比如"吃鸡本""纸片人""××事件"等。搜索引擎是典型的大规模开放性应用。

精度要求相对不高。搜索引擎从来不需要保证对每个搜索词的理解和检索都是正确的,虽然"搜索直达"一直是搜索引擎追求的目标,但是当前的搜索引擎结果仍然差强人意。

知识推理简单。对大部分搜索的理解与回答只需要简单的推理,比如,当用户搜索"刘德华"时,推荐他演唱的歌曲,这是因为刘德华是歌星,而歌星通常有代表性歌曲。至于"姚明老婆的婆婆的儿子有多高"这类复杂推理,在开放性应用中所占比例并不高。

互联网上的各类大规模开放性应用所需要的知识,很容易超出传统专家系统中由专家预设好的知识库边界。为了适应互联网应用的特点,Google在2012年推出全新的知识图谱,宣告了知识工程进入大数据时代。有不少学者将新时期的知识工程概括为大数据知识工程。

### 1.2.2.2 大数据时代给知识图谱的发展带来了新机遇

大数据时代的到来不只是催生了知识图谱,也给知识图谱技术的发展奠定了必要的基础。

(1)数据、算力和模型的飞速发展使得大规模自动化知识获取成为可能。当前的技术环境与20世纪发展专家系统时有着根本的不同:当下我们有前所未有的大数据、前所未有的机器学习能力以及前所未有的计算能力。数据、算力和模型三者的合力作用使我们可以摆脱对专家的依赖,使得从数据出发以自下而上的方式实现大规模自动化知识获取成为可能,这是大数据知识工程存在的根本前提。

计算机系统的计算能力仍在持续增长。虽然单体芯片计算能力的提升已趋饱和,但是基于各类集群技术(比如云计算)的大规模计算系统的算力仍在持续增长。量子计算等新型计算方式也正在为算力的革命性提升积蓄能量。机器学习受益于大数据所提供的丰富样本,在过去十多年里取得了飞速进展。大部分机器学习模型本质上是统计学习模型。统计学习模型的进步使得基于大规模语料的自然语言处理技术发展迅速,也使得从大数据中的统计关联挖掘语义关联的手段增多。前者使文本的结构化抽取日益成熟,后者使基于大数据的因果推断日渐可能。

大数据时代积累的各类数据使得从数据中直接获取知识成为可能。在知识工程发展之初,计算机、信息化与数字化技术尚未普及,数据极度贫乏。数据的贫乏导致只能依赖专家表达与获取知识。但是到了大数据时代,各行业都积累了前所未有的海量数据。比如,搜索引擎所积累的互联网网页数据、电商平台所积累的搜索日志与购物记录等。海量网页数据使得基于文本抽取模型从海量网页文本中抽取知识成为可能。海量电商购物记录使得从购物行为推断物品之间的语义关联(比如,西装与领带经常同时出现于大量的购物记录中)成为可能。依托能力日益增长的各类机器学习模型,从大数据中自动挖掘语义知识成为可能。

显然，这种数据驱动的知识获取方式与人工构建的知识获取方式完全不同。前者可以实现大规模自动化知识获取，无须高昂的人力成本。相对于依赖专家的知识获取方式，数据驱动的知识获取方式是一种典型的自下而上的做法，是面向应用、数据驱动的做法。而在实际落地应用中，往往是两种方式相结合使用——由专家定义认知世界的框架（也就是设计模式），由数据驱动的方法实现实例级别的海量知识获取。

（2）众包技术使得知识的规模化验证成为可能。知识获取的众多环节均可以受益于众包技术。比如，训练知识抽取模型时可以通过众包获取标注样本，从而构建基于监督学习的抽取模型。需要特别指出的是，众包技术对于知识验证具有显著意义。根据柏拉图的定义，"知识"是"justified true belief"，也就是说，知识是一种被证实为真的信念。信念是人类所独有的，证实知识的主体只能是人类，因为猫、狗之类的动物是不需要证实任何"信念"的，也不持有所谓的"信念"。更深层次的原因在于，目前只有自然人或者由其延伸出的机构才是人类事务的责任主体。一个知识库中的知识如果出错、缺失或过期，由此而产生的一切社会与经济责任，只能要求相应的个人或者机构承担。所以，知识验证是我们人类无法推卸的"责任"。这意味着知识加工的最后一步一定是人工验证。因此，众包有可能实现规模化知识验证，从而促成大规模知识工程的成功落地。

（3）高质量的用户生成内容提供了高质量知识库来源。随着Web2.0时代的到来，产生了大量的高质量用户生成内容（User Generated Content，UGC），包括百科、社区、论坛、问答平台等。这些平台成为互联网的知识宝藏。人类的大量知识集中到少数几个平台，使得很多自动化方法可以轻松获取其中的知识。这些UGC中的知识尽管可能不全面，但是可以作为各领域知识获取的高质量种子样本。高质量的种子样本使得构建有效的知识抽取模型成为可能。各类在线百科中的内容对于各领域模式的归纳提供了丰富的样本，避免了从零开始构建一个领域知识图谱。

大数据时代的到来催生了以知识图谱为代表的大规模知识表示，同时也为其蓬勃发展注入了强劲动力，知识工程进入了大数据知识工程的全新阶段。大数据知识工程势必承担起突破传统知识工程在知识库规模与质量等方面的瓶颈的历史使命。大数据知识工程也在一定程度上宣告了大知识（Big Knowledge）时代的到来。在知识图谱技术的引领下，各种各样的知识表示将在不损失质量的前提下逐步提升规模，从小规模的知识表示变成大规模的知识表示，最终应对现实世界的开放性和复杂性给知识工程带来的巨大挑战。

## 1.3 知识图谱的研究意义

近年来，知识图谱的研究受到越来越多的关注。知识图谱的研究价值集中地体现在它是实现认知智能的基础。

## 1.3.1　知识图谱是认知智能的基石

所谓认知智能是指让机器具备人类认知世界的能力。机器认知智能的两个核心能力是"理解"和"解释"，二者均与知识图谱有着密切关系。首先，需要给机器的"理解"和"解释"提出一种解释。机器理解数据的本质是从数据到知识图谱中的知识要素（包括实体、概念和关系）的映射。比如，"2013年的金球奖得主C罗"，我们之所以能够理解这句话，是因为我们把"C罗"这个词汇映射到自己脑海中的实体"C罗"，把"金球奖"这个词汇映射到自己脑海中的实体"金球奖"，然后把"得主"这个词汇映射到"获得奖项"这条关系。通过反思人类理解文本的过程不难发现，"理解"可以视作建立从数据（包括文本、图片、语音、视频等数据）到知识图谱中的实体、概念、属性之间映射的过程。

知识图谱对于机器认知智能的重要性还体现在以下几个具体方面。

（1）知识图谱使能机器语言认知，认知智能的核心能力之一是自然语言理解。机器理解自然语言需要有类似知识图谱这样的背景知识。自然语言是异常复杂的：自然语言有歧义性、多样性；语义理解有模糊性且依赖上下文。机器理解自然语言有困难的根本原因在于，人类对语言的理解是建立在认知能力基础之上的，人类的认知体验所形成的背景知识是支撑人类对语言理解的支柱。我们之所以能够很自然地理解彼此的语言，是因为彼此共享类似的生活体验、类似的教育背景，因此有着类似的背景知识。否则，很难彼此理解。比如，东方人往往很难理解西方人的笑话，根本原因在于东西方人群的背景知识不同，这决定了人们对幽默有着不同的理解。所以，语言理解需要背景知识，机器理解自然语言也需要背景知识。

实现机器对自然语言的理解所需要的背景知识是有着苛刻的条件的。

规模必须足够巨大才能理解不同的实体与概念。

语义关系必须足够丰富才能理解不同的关系。

结构必须足够友好才能为机器所处理。

质量必须足够精良才能让机器对现实世界产生正确的理解。

根据上述四个标准去选择知识表示就会发现，只有知识图谱是满足所有这些条件的。

（2）知识图谱赋能可解释人工智能。近年来，在通用搜索引擎平台上（比如Google和百度），"how"和"why"之类的搜索日益增多，比如"如何做蛋炒饭""怎么去复旦"。这说明人们希望搜索引擎平台能做"解释"。可解释性将是智能系统一个非常重要的体现，也是人们对智能系统的普遍期望。可解释性决定了智能系统的决策结果能否被人类采信。可解释能力的缺失是很多领域（金融、医疗、司法等）人工智能技术成功应用的瓶颈。比如，在医疗领域，即便智能系统判断疾病的准确率在95%以上，但是如果系统只是告诉病患得了什么病，却不能解释为什么做出这类判断的话，病人是不会为此买单的。

知识图谱让可解释人工智能成为可能。"解释"与符号化知识图谱密切相关。因为解释的对象是人，人只能理解符号而无法理解数值，所以需要利用符号知识开展可解释人工智能的研究。比如，若问鲨鱼为什么可怕？你可能会解释：因为鲨鱼是食肉动物，这实质上是用概念在解释。若问鸟为什么能飞翔？你可能会解释：因为它有翅膀，这是用属性在解释。若问鹿晗和关晓彤有段日子为什么会刷屏？你可能会解释：因为关晓彤是鹿晗的女朋友，这是用关系在解释。人类倾向于利用概念、属性、关系这些认知的基本元素去解释现象和事实。而对于机器而言，概念、属性和关系都在知识图谱中表达，因此，"解释"离不开知识图谱。

（3）知识有助于增强机器学习的能力。知识（这里特指符号知识）对于增强机器学习的能力有着积极意义。当前，机器学习与人类的学习相比，在水平上仍然有着巨大差距。这集中地体现在机器学习样本需求量大、以深度学习为代表的一些模型可解释性差、难以应对开放性挑战、模型不健壮因而易于受到恶意样本攻击等方面。比如，为了识别图片中的猫和狗，机器学习可能需要数以万计的样本才能准确习得猫和狗的特征。相比较而言，人类的学习高效、健壮，能够适应开放性环境。其中的根本原因在于，人类的学习很少是从零开始的学习，人类擅长结合丰富的先验知识开展学习。比如一个中国人在开始学习英语时，或多或少已经有汉语的基础，因此相对于机器而言人类的语言学习要高效得多。

让机器学习模型有效利用已经大量累积的符号知识，将是突破机器学习瓶颈的重要思路之一。符号知识增强下的机器学习思路日渐清晰：无论是专家知识还是通过学习模型习得的统计规律经符号化表达而获得的知识，都将显式地表达并且沉淀到知识库中，再利用知识增强的机器学习模型解决实际问题。这种知识增强下的学习模型，可以显著降低机器学习模型对于大样本的依赖，提高学习的经济性，提高机器学习模型对先验知识的利用率。

## 1.3.2　知识引导成为解决问题的重要方式之一

知识图谱对于实现机器认知智能的重要作用，决定了知识引导将成为解决问题的主要方式之一。当下，计算机解决问题主要采取数据驱动的方法，也就是从样本数据中建立统计模型，挖掘统计规律来解决问题。为了提升效果，数据驱动的方法通常需要较多样本数据。但是，即便样本数据量再大，单纯的数据驱动方法仍然面临效果的"天花板"，而要突破这个"天花板"，需要知识引导。很多知识密集型的应用对于知识引导提出了强烈诉求。比如，在司法诉讼的刑罚预测问题中，同样的两个伤人案情陈述，一个是嫌疑犯预先带着匕首，另一个是嫌疑犯随手捡起一块砖头，即便其他所有陈述完全相同，其刑罚结果也是完全不同的（前者会被判定为蓄意谋杀，后者则会被判定为临时起意，量刑结果完全不同）。究其原因，刑罚从根本上讲是由司法知识决定的。数据驱动的方法单纯利用词频等文本统计特征，很难有效解决这类知识密集型的实际任务。实际应用越来越要求将数据驱动和知识引导相结合，以突破基于统计学习的纯数据驱动方法的效果瓶颈。

因此，知识将成为比数据更重要的资产。如果说数据是石油，那么知识就好比石油的萃取物。如果我们只满足于直接从数据中获取价值，就好比直接输出石油赢利。但是，石油更巨大的价值蕴含于其深加工的萃取物中。石油萃取的过程与知识加工的过程也极为相似，都有着复杂的流程，都是大规模系统工程。本节的内容在一定程度上是在当前技术环境下重新诠释知识工程提出者Edward Feigenbaum曾做出的论断"Knowledge is the power in AI."。

# 1.4 知识图谱的应用价值

机器认知智能的发展过程本质上是人类脑力不断解放的过程。在工业革命和信息化时代，人类的体力被逐步解放；而随着人工智能技术的发展，尤其是认知智能技术的发展，人类的脑力也将会被逐步解放。越来越多的知识工作将逐步被机器所代替，伴随而来的是机器生产力的进一步提升。基于知识图谱的认知智能的应用广泛而多样。各类应用（包括数据分析、智慧搜索、智能推荐、自然人机交互和决策支持）都对知识图谱提出了需求。

## 1.4.1 数据分析

大数据的精准与精细分析需要知识图谱。如今，越来越多的行业或者企业积累了规模可观的大数据，但是这些数据并未发挥应有的价值，很多大数据还需要消耗大量的运维成本。大数据非但没有创造价值，在很多情况下还成为一笔负资产。这一现象的根本原因在于，当前的机器缺乏诸如知识图谱这样的背景知识，无法准确理解数据，限制了大数据的精准与精细分析，制约了大数据的价值变现。例如，在娱乐圈王宝强离婚案刚刚开始的时候，一些新闻平台的热搜前三位分别是"王宝强离婚""王宝宝离婚"和"宝强离婚"。也就是说，平台当时还没有能力将三个不同的事件描述归类为同一事件。这是因为当时的机器缺乏背景知识，不知道王宝强又叫"王宝宝"或"宝强"，所以没有办法做到大数据的精准分析。事实上，舆情分析、互联网的商业洞察，还有军事情报分析和商业情报分析，都需要对大数据做精准分析，而这种精准分析必须有强大的背景知识来支撑。

除了大数据的精准分析，数据分析领域另一个重要趋势——精细分析，也对知识图谱和认知智能提出了诉求。比如，很多汽车制造商都希望实现个性化制造，即希望从互联网上搜集用户对汽车的评价与反馈，并以此为依据实现汽车的按需与个性化定制。为了实现个性化定制，厂商不仅需要知道消费者对汽车的褒贬态度，还需要进一步了解消费者对汽车产品不满意的细节，以及希望如何改进，甚至需要知道消费者提及了哪些竞争品牌。显然，面向互联网数据的精细化数据分析要求机器具备关于汽车评价的背景知识（比如，汽车的车型、车饰、动力、能耗等）。

## 1.4.2 智慧搜索

智慧搜索需要知识图谱。智慧搜索体现在很多方面，分别介绍如下。

首先，精准的搜索意图理解。比如，在淘宝上搜索"iPad充电器"，用户的意图显然是要搜索一个充电器，而不是一个iPad，这个时候淘宝应该反馈给用户若干个充电器产品以供选择，而不是iPad。再比如，在Google上搜索"toys kids"或者"kids toys"，不管搜索这两个词中的哪一个，用户的意图都是在搜索给孩子玩的玩具，而不是玩玩具的小孩，因为一般不会有人用搜索引擎搜索孩子。

其次，搜索对象复杂化、多元化。传统搜索的对象以文本为主，未来越来越多的应用希望能搜索图片和声音，甚至还能搜代码、视频、设计素材等，要求一切皆可搜索。

再次，搜索粒度多元化。现在的搜索不仅要做篇章级的搜索，还希望能做到段落级、语句级、词汇级的搜索。尤其是在传统知识管理领域，这个趋势已经非常明显。传统的知识管理大多只能做到文档级搜索，这种粗粒度的知识管理已经难以满足实际应用中细粒度的知识获取需求。

最后，跨媒体协同搜索。传统搜索以面向单质单源数据的搜索居多，难以满足用户的信息检索需求。比如，针对文本的搜索难以借助视频、图片信息，针对图片的搜索主要还是利用图片自身的信息，对于大量文本信息的利用率还不高。跨媒体的协同搜索需求日益增多。比如，曾有明星在微博上晒出一张自家小区的照片，就有好事者根据她的微博社交网络、百度地图、微博文本与图片信息等多个渠道、多种媒体的信息，通过联合检索准确推断出其所在小区的位置。这样一种跨媒体的协同搜索能力将被逐步赋予机器。

所以，未来的趋势是一切皆可搜索，并且搜索必达。为了应对这些挑战，需要建立知识图谱之类的各类知识库。比如，建立iPad与充电器之间的配件关系就可以帮助平台识别搜索核心词，从而准确识别搜索意图。复杂对象的搜索需要建立标签图谱（由标签以及标签之间的关联关系构成的知识图谱）来增强对象的表示。多粒度搜索需要将文档内的知识进行碎片化，建立多层次、多粒度的知识表示。多模态搜索需要建立不同模态数据之间的语义关联，建立多模态知识图谱对于满足这类需求显得日益必要。

## 1.4.3 智能推荐

智能推荐需要知识图谱。各智能推荐任务均对知识图谱提出了需求。

第一，场景化推荐。比如，用户在淘宝上搜"沙滩裤""沙滩鞋"，可以推测出这个用户很可能要去海边度假。那么，平台就可以推荐"泳衣""防晒霜"之类的海边度假常用物品。事实上，任何搜索关键词、购物车里的任何一件商品背后，都体现着特定的消费意图，很有可能对应到特定的消费场景。建立场景图谱，实现基于场景图谱的精准推荐，对于电商推荐而言至关重要。

第二，冷启动阶段下的推荐。冷启动阶段的推荐一直是传统基于统计行为的推荐方法难以有效解决的问题。利用来自知识图谱的外部知识，特别是关于用户与物品的知识，增强用户与物品的描述，提升匹配精度，是让系统尽快度过冷启动阶段的重要思路。

第三，跨领域推荐。互联网上存在大量的异质平台，实现平台之间的跨领域推荐有着越来越多的应用需求。比如，如果一个微博用户经常晒九寨沟、黄山、泰山的照片，那么为这位用户推荐一些淘宝上的登山装备十分合适。这是典型的跨领域推荐，其中微博是一个媒体平台，淘宝是一个电商平台。它们的语言体系、用户行为完全不同，实现这种跨领域推荐有着巨大的商业价值，但是需要跨越巨大的表达鸿沟（异质平台的表达方式完全不同）。如果能有效利用知识图谱这类背景知识，不同平台之间的这种表达鸿沟是有可能被跨越的。比如，百科图谱告诉我们，九寨沟是一个风景名胜区，是山区，而去山区旅游需要登山装备，登山装备包括登山杖、登山鞋等，这样就可以实现跨领域推荐。

第四，知识型的内容推荐。如果用户在电商平台上搜索"三段奶粉"，那么我们应该能为用户推荐一些喝三段奶粉的婴儿每天的需水量、常见疾病的预防等育儿知识。对这些知识的推荐将显著增强用户对于所推荐内容的信任与接受程度。消费行为背后的内容与知识需求将成为推荐的重要考虑因素。显然，将各类知识片段与商品对象建立关联，是实现这类知识型的内容推荐的关键。

## 1.4.4　自然人机交互

智能系统另一个非常重要的表现形式是自然人机交互。人机交互将会变得越来越自然、越来越简单。越是自然、简单的交互方式越要求机器具备强大的智能。自然人机交互包括自然语言问答、对话、体感交互、表情交互等。自然语言交互的实现要求机器能够理解人类的自然语言。对话式交互（Conversational UI）、问答式（QA）交互将逐步代替传统的关键词搜索式交互。另一个非常重要的趋势是一切皆可问答。我们的对话机器人将代替我们阅读文章、新闻，浏览图谱、视频，甚至代替我们看电影、电视剧，然后回答我们所关心的问题。自然人机交互的实现需要机器具有较高的认知智能水平，以及具备广泛的背景知识。无论是人机交互过程中的语言理解，还是对于各种类型的媒体内容的理解，都要求机器必须具备强大的背景知识，而知识图谱就是这类背景知识中的重要形式之一。

## 1.4.5 决策支持

知识图谱为决策支持提供深层关系发现与推理能力。人们越来越不满足于"叶莉是姚明的妻子"这样的简单关联的发现，而是希望发现和挖掘一些深层、潜藏的关系。在金融领域，我们可能十分关注投资关系，比如，为何某个投资人投资某家公司；我们十分关注金融安全，比如，信贷风险评估需要分析一个贷款人的关联人物和关联公司的信用评级。因此，建立包含各种语义关联的知识图谱，挖掘实体之间的深层关系，已经成为决策分析的重要辅助手段。

# 1.5 知识图谱的分类

知识图谱类别众多。在为各种知识图谱分类之前，有必要先对"知识"这一概念加以澄清。因为，知识图谱中的内容就是"知识"。关于知识的定义多种多样，这里选择两个角度来阐述知识的内涵。知识的定义最早可以追溯到柏拉图时代，柏拉图认为知识是"justified true belief"，也就是经过证实为真的信念。这是从人类认识世界的角度做出的定义。这个定义明确了知识是人类认识世界的结果，因此知识与认知是密不可分的，这也正是一些领域将自己建设的知识图谱冠以认知图谱的原因。知识必须是经过验证的，这意味着只有人类才需要为知识的对错负责，同时也意味着知识的对错往往是相对的，是随着时间、环境的变化而动态变化的，而不是一成不变的。

考察知识内涵的另一个角度是，数据、信息与知识之间的联系与区别。数据是对客观世界的符号化记录。例如，39这个数值就是一个数据。信息是被赋予意义的数据。例如，给定上下文"体温39℃"，那么39这个数据就产生了意义，与温度相关。知识是人类对信息提炼与总结的结果，是人类认识世界的结果。知识通常体现为信息之间有意义的关联。比如，我们一般都知道，"体温达到39℃可能就是发烧了"，这条知识是将"体温达到39℃"与"发烧了"相关联。这种信息之间的关联是人类通过长期的生活实践总结而获得的，或者是经由后天学习所获得的。

显然，知识对人类的最终决策与行动具有直接的指导意义。在大数据时代，数据与信息过载已经成为一个大问题，而知识作为信息加工提炼后的结晶，是数据与信息中的精华。事实上，对数据与信息的记录往往只是手段，而对知识的获取与传承却是人类社会的根本目标。知识图谱俨然成为大数据时代人类社会知识表达和承载的重要方式，将成为人类"传承"给机器的最宝贵的财富与资产。

### 1.5.1 知识图谱中的知识分类

首先，可以根据所包含的不同知识对知识图谱进行分类。关于知识的分类一直以来没有定论。对知识图谱所涉及的知识做出清晰而全面的分类，是一件十分困难的事情。本书按照当前典型知识图谱中所涵盖的知识来分类，将其分为事实知识、概念知识、词汇知识和常识知识等四类。

#### 1.5.1.1 事实知识（Factual Knowledge）

事实知识是关于某个特定实体的基本事实，如（柏拉图，出生地，雅典）。事实知识是知识图谱中最常见的知识类型。大部分事实都是在描述实体的特定属性或者关系，比如上例中的"出生地"属性。需要说明的是，有些实体的相关事实未必存在典型的属性或者关系与之对应，只能通过复杂的文本来描述。比如，"亚里士多德是西方古典哲学的集大成者"这一事实很难找到明确的属性加以陈述。再比如，在"柏拉图继承和发展了苏格拉底的哲学思想"这一事实中，显然柏拉图与苏格拉底之间是有关系的，但这类关系无法简单陈述。很多以实体为中心组织的知识图谱均富含事实知识，比如DBpedia、Freebase以及CN-DBpedia等。

#### 1.5.1.2 概念知识（Taxonomy Knowledge）

概念知识分为两类：一类是实体与概念之间的类属关系（isA关系），如（柏拉图isA哲学家）；另一类是子概念与父概念之间的子类关系（subclassOf），如（唯心主义哲学家subclassOf哲学家）。一个概念可能有子概念也可能有父概念，这使得全体概念构成层级体系。概念之间的层级关系是本体定义中最重要的部分，是构建知识图谱的第一步——模式设计的重要内容。特定领域的概念知识是机器认知领域的基本框架。典型的概念知识图谱（有时简称"概念图谱"）包括YAGO、Probase、WikiTaxonomy等。

#### 1.5.1.3 词汇知识（Lexical Knowledge）

词汇知识主要包括实体与词汇之间的关系（比如，实体的命名、称谓、英文名等）以及词汇之间的关系（包括同义关系、反义关系、缩略词关系、上下位词关系等）。一些跨语言知识库（比如BabelNet）专注于建立实体和概念在不同语言中的描述形式。词汇知识是知识图谱目前在实际应用中已经取得较好效果的一类知识。因为领域语料往往是丰富的，所以从这些语料中自动挖掘领域词汇，建立词汇之间的语义关联以及词汇与实体之间的关联，已经成为构建知识图谱最重要的一步。领域词汇知识也是相对简单的知识，人类学习某个领域往往是从该领域的词汇开始学习的。因此，让机器认知领域词汇是实现机器认知整个领域知识的第一步。

### 1.5.1.4　常识知识（Commonsense Knowledge）

常识是人类通过身体与世界交互而积累的经验与知识，是人们在交流时无须言明就能理解的知识。例如，我们都知道鸟有翅膀、鸟能飞等。再比如，如果X是一个人，那么X要么是男人要么是女人。常识知识的获取是构建知识图谱时的一大难点。常识的表征与定义、常识的获取与理解等问题一直都是人工智能发展的瓶颈问题。常识知识的基本特点是，每个人都知道，所以很少出现在文本里。面向文本的信息抽取方法对于常识获取显得无能为力。典型的常识知识图谱包括Cyc、ConceptNet等。

除了上述分类，还有一些知识图谱侧重知识表示的不同维度。首先，很多事实的成立是有时空条件的。有些知识的存在是有时间限制的，必须为这些知识加上时间维度。例如，（奥巴马，职业，美国总统，2009-1-20，2017-01-20）这个五元组表示"奥巴马是美国总统"这一事实从2009年1月20日开始生效，直至2017年1月20日失效。再比如，在表达某一天的温度时，（2019-1-1，平均温度，16℃，上海）和（2019-1-1，平均温度，-5℃，北京）这两个四元组就分别表示了2019年1月1日这一天上海与北京两地不同的温度。其次，一些知识含有主观性因素。比如，对于汉堡是否是健康的食品这一问题，不同人的认识是不同的。再次，有些知识关注实体的多模态表示。比如，（柏拉图，图片，plato.jpg）表达了柏拉图的适用图片。

## 1.5.2　知识图谱的领域特性

按照知识图谱中所包含的知识类型对知识图谱分类是最自然的一种分类方式。随着近几年知识图谱技术的进步，其研究与落地日益从通用领域转向特定领域和特定行业，于是就有了领域或行业知识图谱（Domain-specific Knowledge Graph，DKG）。比如，哲学知识图谱里面大部分都是与哲学相关的实体和概念。领域知识图谱的范畴再大一些就是行业知识图谱了，比如农业知识图谱。DKG和GKG（General-purpose Knowledge Graph，通用知识图谱）之间既有显著区别也有十分密切的联系。

DKG与GKG之间的区别是明显的（如表1-1所示），体现在知识表示、知识获取和知识应用三个层面。

表1-1　DKG与GKG的区别

| | | DKG | GKG |
|---|---|---|---|
| 知识表示 | 广度 | 窄 | 宽 |
| | 深度 | 深 | 浅 |
| | 粒度 | 细 | 粗 |

续表

| | | DKG | GKG |
|---|---|---|---|
| 知识获取 | 质量要求 | 苛刻 | 高 |
| | 专家参与 | 重度 | 轻度 |
| | 自动化程度 | 低 | 高 |
| 知识应用 | 推理链条 | 长 | 短 |
| | 应用复杂性 | 复杂 | 简单 |

（1）在知识表示层面的区别可以从广度、深度和粒度这三个维度来考察。从广度来看，GKG涵盖的范围明显大于DKG。从深度来看，DKG通常更深，尤其体现在概念的层级体系上。比如，在娱乐领域，追星族很关心"内地鼻子长得帅的男明星"；在电商领域，消费者更关心"韩版夏装连衣裙"这样的细分品类，而不是"连衣裙"这一相对较宽泛的品类。如何表达与处理这些较深层次的概念，对于很多DKG应用而言是一个巨大的挑战。层次较深的细粒度概念往往不是基本概念（Basic Concept），这意味着不同人对这些深层次概念有着不同的认知体验，因而会有较大的主观分歧。这是很多人工构建的概念深到一定层级就很难继续下去的重要原因。此时，比较适合采用数据驱动的自下而上的自动化方法来识别与认知细粒度概念。

第三个维度是知识表示的粒度，DKG通常涵盖细粒度的知识。知识表示是有粒度的，知识的基本单元可以是一个文档，也可以是文章中的段落、法律中的条款、教育资源中的知识点等。传统的知识管理往往以文档为单位组织企业知识资源。司法智能中的司法解释往往需要将知识粒度控制在条款级别。在教育智能化领域，学科的知识点往往是合适的粒度，以知识点为中心组织教学素材和资源是可行的思路。知识表示的粒度也可以细化到知识图谱中的实体与属性级别，或者是逻辑规则中的条件与结果。比如，法律条款可以进一步细化为由条件与结果构成的产生式规则，数学中的很多定理也可以进一步细化为相关的公理系统（一组产生式规则）。

（2）在知识获取层面，DKG对质量往往有着极为苛刻的要求。很多领域应用场景是极为严肃的。比如医疗，某个药物有哪些禁忌证，这一类知识是不能出错的。对质量的严苛要求自然就意味着在构建DKG的过程中专家参与的程度相对较高。需要指出的是，专家的积极干预并不意味着盲目地手动构建。如何应用好人力资源，包括哪些环节让专家参与以及专家参与的具体方式等问题，一直以来就是DKG落地中的关键问题。在众包计算中，有不少方法值得借鉴。一般而言，我们期望构建过程尽可能自动化，但是由于对目标图谱有着严苛的质量要求，最终的知识验证过程还是要诉诸人力。较多的人工干预决定了DKG自动化构建程度相对较低。而构建GKG一定要高度自动化，因为GKG规模巨大。

（3）在知识应用层面，DKG的推理链条相对较长，应用相对复杂。原因有两个方面。第一，DKG相对密集。比如，某个疾病在GKG中相关的实体可能寥寥无几，但是在一个医疗知识图谱中相关的实体可能数以百计。DKG相对于GKG在单个实体的相关知识覆盖面上有明显优势。也正是基于此，DKG上的推理链条可以较长。在一个相对稠密的DKG上，长距离推理之后的结果仍然可能是一个有意义的结果。但是在GKG上，由于其相对稀疏，多步推理之后语义漂移（Semantic Drift）严重，其推理结果很容易"面目全非""离题千里"，令人难以理解。所以，GKG上的推理操作大都是基于上下文的一到两步的推理。比如，用户搜索"刘德华"，系统可以推荐刘德华的歌曲，因为知识图谱告知我们刘德华是一个歌星，其主要作品是歌曲，这是两步的推理链条。第二，DKG上的计算操作也相对复杂一些，除了深度推理外，领域应用往往会涉及复杂查询。比如，在公共安全领域，对于重点监控人群，通常需要在相关图谱中查询该人群形成的稠密子图。诸如此类的复杂计算和操作，在DKG中并不罕见。相反，GKG的查询多为一到两步的邻居查询，相对简单。

GKG与DKG的关系是十分密切的，体现在以下三个方面。

（1）领域知识是通过隐喻或者类比从通用知识发展而来的。在个人成长的早期阶段，人类通过自身身体与世界的交互习得了最基本的常识，特别是关于时间、空间、因果的基本常识。比如，我们知道时间是在流逝的，我们知道空间是有一定位置关系的，我们明白有因必有果。这些常识是构建认知体系的基础。在此基础上，通过"隐喻"或者"类比"，人类发展出更复杂的知识，包括领域知识。比如，我们对某个人社会地位高低的认识实际上是从空间上的高低隐喻而来的。我们说某个人很积极、很激进，这实际上是时间先后的一种隐喻。在芯片领域，我们通常将各种芯片与人体的各种器官相类比：人工智能的芯片就好比人的大脑，通用芯片就好比人的血管，计算芯片就好比人的心脏，这都是典型的隐喻。所以，很多领域知识都是从人类的基本常识和世界知识通过隐喻发展而来的。理解自然语言中的隐喻现象也一直是自然语言处理领域的一个研究热点。

（2）GKG与DKG相互支撑。一方面，GKG可以给很多DKG提供高质量的种子事实。这些种子事实可以用作样本指导抽取模型的训练。另一方面，GKG可以提供领域模式。在构建DKG时，需要花费巨大的精力设计领域模式，比如，为了构建娱乐领域知识图谱，首先必须明确描述歌手的属性列表（有时又称作Template）中应该包括专辑、代表作、签约公司等属性。虽然GKG对于特定领域的实体覆盖率不高，但是通过聚合GKG中所有歌手的信息，就可以得到一个描述歌手的初始模板。后续只需要在初始模板的基础上逐步完善即可。DKG在建好之后，又可以反哺GKG。

另一个趋势就是，越来越多的企业关注自身的知识图谱建设与应用，于是就有了企业知识图谱（Enterprise Knowledge Graph）。企业知识图谱是指横贯企业各核心流程的知识图谱。与GKG与DKG相比，企业知识图谱具有典型的"小、杂、专"的特点。所谓的"小"，是指企业本身的语料或数据规模比特定领域或者开放性领域要小很多。小数据往往意味着样本不足，难以有效训练知识获取模型，这为自动化知识获取带来了巨大的挑战。所谓的"专"，是指每个企业往往有自身的业务特色。比如，几乎每个企业都在国家的基本财务制度下制定了个性化的财务管理制度。所谓的"杂"，是指企业知识图谱所包含的领域众多。"麻雀虽小，五脏俱全。"这句话用来比拟企业知识图谱之杂最合适不过。一个企业总要涉及人事、财务、生产、市场等业务，各个部门的智能化均对各自领域的知识图谱提出了需求，因此一个企业知识图谱可能要糅杂多个领域知识图谱。总体而言，企业知识图谱还在发展中，其所面临的技术挑战是巨大的。

知识图谱与各领域、各行业、各企业业务的深度融合已经成为一个重要趋势。领域知识图谱、行业知识图谱与企业知识图谱的边界有时也十分模糊。近几年，这几类知识图谱得到了越来越多的关注。

## 1.5.3　典型知识图谱

近年来，随着互联网应用需求日益增加，越来越多的知识图谱应运而生。根据开放互联数据联盟（Linked Open Data）的官方数据，截至2017年8月，共有1163个开放互联的知识图谱，加入开放互联数据联盟的知识图谱还在持续增长。

这些常见知识图谱可以从四个维度进行分类，按照是通用还是专用领域可以分为通用知识图谱、领域知识图谱和企业知识图谱；按照构建方式可以分为全自动、半自动以及以人工为主构建的知识图谱；按照语言可以分为单语言（比如英语、汉语）和多语言知识图谱；按照知识图谱中的知识类型可以分为概念图谱、百科图谱（涵盖以实体为中心的事实知识）、常识图谱和词汇图谱。

还有一些知识图谱（比如Google知识图谱）是这些图谱的混合，归为综合知识图谱。此外，OpenIE的主要目标是抽取基于文本表示的三元组，三元组的每个成分往往是一个短语，因而可以视作词汇图谱在文本上的拓展，我们将其归为文本图谱。

下面将按照时间顺序介绍一些具有代表性的知识图谱。

### 1.5.3.1　Cyc

Cyc始于1984年，这三个字母取自英文单词"Encyclopedia"（百科全书）。其最早由MCC（Microelectronics and Computer Technology Corporation）公司开发，现在归属于Cycorp公司。Cyc项目试图将人类全部的常识编码建成知识库。所有的知识都用一阶逻辑来表示，便于机器阅读，用以支持机器像人类一样进行自动推理。典型的常识包括"鸽子是一种鸟""鸟都会飞"等。当提出"鸽子会不会飞"这个问题时，系统会根据推理规则进行回答。Cyc为研究人员提供了一个仅供研究的数据集ResearchCyc，目前包含了700万条断言（事实和规则），涉及63万个概念和38000种关系。Cyc目前仍在运营。Cyc过于形式化也导致其在扩展性和灵活性方面存在不足。

### 1.5.3.2　WordNet

WordNet始于1985年，是由普林斯顿大学的心理学家、语言学家和计算机工程师联合设计的一种基于认知语言学的英语词典，是传统的词典信息与计算机技术及心理语言学的研究成果相结合的产物。经过30余年的发展，WordNet已经成为国际上非常有影响力的英语词汇知识库。之所以将其看作一个知识图谱，是由于WordNet是一个按词义关系组织的巨大词库。WordNet根据词条的意义将词汇分组，具有相同意义的字词组成一组同义词集合（Synset）。WordNet为每一组同义词集合提供了一个定义，并记录不同同义词集合之间的语义关系。

### 1.5.3.3　ConceptNet

ConceptNet始于2004年，其目标也是构建一个常识知识库。ConceptNet最早源于MIT媒体实验室的Open Mind Common Sense（OMCS）项目。目前ConceptNet的最新版本为Concept5，其转型为一个大型的多语言常识知识库，包含人们经常使用的词语和短语以及它们之间的常识关系。ConceptNet的知识来源于多种渠道，包括互联网众包（如Wiktionary和Open Mind Common Sense）、游戏（如Verbosity和nadya.jp）以及由专家创建（如WordNet和JMDict）等。

### 1.5.3.4　Freebase

Freebase由MetaWeb公司于2005年创建，是一个类似Wikipedia的开放、共享、协同构建的知识图谱。Freebase中的知识采用RDF三元组"（主体，谓词，客体）"的表现形式，其主要数据来源包括Wikipedia、NNDB、MusicBrainz以及社区志愿者的贡献等。2010年，Google收购了Freebase，将其作为Google知识图谱的数据来源之一。2016年，Google宣布将Freebase的数据和API服务都迁移至WikiData，并正式关闭了Freebase。

### 1.5.3.5　GeoNames

GeoNames始于2006年，是一个开放的全球地理知识图谱。它覆盖了250多个国家，有超过1000万条地理位置信息，包括行政区划分（所属国家、地区、州、省等）、水文（江、河、湖、海等）、地区（公园、油田等）、城市（市、县、乡等）、道路（公路、铁路等）、建筑（医院、宾馆等）、地势（山、岩石等）、海底、植被等。其主要提供位置的经纬度等基本信息。GeoNames允许志愿者手动编辑、纠正以及添加新的地理信息。另外，GeoNames提供了免费的API接口供大众使用，其已经被广泛地应用于各行业的系统中，包括旅游、商铺点评、房地产等等。

### 1.5.3.6　DBpedia

DBpedia项目始于2007年，是一个多语言知识图谱，致力于从Wikipedia页面中抽取出结构化的知识供大众使用，该项目是由柏林自由大学和莱比锡大学以及OpenLink软件公司联合完成的。DBpedia通过数十种不同的关系抽取器从Wikipedia中获取实体的各种知识。同时，DBpedia借助全球范围内的志愿者的帮助来构建本体，并将维基百科的信息盒（Infobox）模板映射到本体的概念中。另外，DBpedia支持持续更新。

### 1.5.3.7 YAGO

YAGO始于2007年，是由德国马克斯·普朗克计算机科学研究所研发的一个大型知识图谱，并在随后的10年间相继推出了YAGO、YAGO2、YAGO2s和YAGO3等四个版本。其数据来源于维基百科、WordNet以及GeoNames，目前共有超过1000万个实体以及1.2亿条关系。相较于其他的知识图谱，YAGO具有以下特点。①经人工评估，YAGO中关系的准确率达到95%以上。对于每一类关系，YAGO都给出了一个可信度。②YAGO融合了WordNet的层次结构以及维基百科的标签分类体系，提供了35万种不同的分类。③YAGO为知识图谱中的很多事实都加入了时间和空间两种维度的描述。④不同于纯粹的层次结构，YAGO也拥有许多来自WordNet的主题分类，例如"音乐""科学"等。YAGO抽取和融合了10种不同语言的Wikipedia内容。

### 1.5.3.8 OpenIE

OpenIE是华盛顿大学图灵实验室研发的开放性关系抽取系统，主要从句子中抽取开放性关系。以句子"The U.S. president Barack Obama gave his speech on Tuesday and Wednesday to thousands of people."为例，通过OpenIE工具可以抽出（Barack Obama，is the president of，the U.S.）以及（Barack Obama，gave，his speech）等多个关系实例。OpenIE经历了5次更新，不断完善系统功能，集成了更多的子系统，包括TextRunner系统、Reverb系统和Ollie系统。这三次更新主要优化了抽取方法。后来又经历了两次更新。目前OpenIE已经从10亿级的互联网页面中抽取出了50亿条关系。

### 1.5.3.9 BabelNet

BabelNet网始于2010年，是一个类似于WordNet的多语言词典知识库，包含了词典和百科网站的所有实体。它的目标是解决WordNet的非英语语种数据稀缺的问题。BabelNet包含1400万个实体，每个实体都有详细的解释，并且包含了不同语言的同义词。BabelNet最大的特色是包含了271种语言的实体，并且是通过自动融合的方法构建的。BabelNet融合了包括WordNet、Wikipedia在内的多个数据源。

### 1.5.3.10 WikiData

WikiData始于2012年，是Wikipedia的姊妹工程，也是一个机器与人都可以进行读/写的大型知识库。与DBpedia不同，WikiData不仅提供了在线浏览功能，而且任何人都可以对相关词条进行编辑。截止至2017年，WikiData已经包含超过2500多万个实体。

### 1.5.3.11　Google知识图谱

Google知识图谱于2012年发布，被认为是搜索引擎的一次重大革新。在传统的搜索引擎中，用户输入关键词，搜索引擎将找到所有包含该关键词的网页，并按照与关键词的相关程度以及网页的重要性对这些网页排序，然后返回结果。然而，传统的搜索引擎并不能真正理解用户的意图，也就无法找到最符合用户需求的结果。Google提出了知识图谱的概念，可以让搜索引擎真正理解用户的搜索意图，从而得到准确的结果。例如，在Google搜索引擎上搜索"Obama birthday"，会直接返回奥巴马的生日，并且在右侧以知识卡片的形式显示奥巴马的其他相关信息，如奥巴马的简介、全名、教育背景等。

### 1.5.3.12　Probase

Probase项目始于2012年，是由微软亚洲研究院研发的大规模概念图谱。该项目的数据源来自微软搜索引擎Bing的网页，主要利用Hearst模式从文本中抽取isA关系，包含实体与概念之间的instanceOf关系以及概念与概念之间的subclassOf关系。Probase目前拥有大约270万个概念，是当前拥有概念数最多的知识图谱之一。Probase现已更名为微软概念图谱（Microsoft Concept Graph）。

### 1.5.3.13　搜狗知立方

2012年年底，搜狗在其搜索引擎中加入了知识图谱模块——知立方，数据主要来源于搜狗百科等。其知识图谱主要是娱乐领域的知识图谱，满足用户对"八卦"的需求，提供了明星、电影、电视剧等方面的深度信息。同时，搜狗还在其搜索引擎中加入了推理的功能以回答"梁启超的儿子的太太的情人的父亲是谁"这样的问题。

### 1.5.3.14　百度知心

2013年，百度也在其搜索引擎中加入了知识图谱模块——百度知心，数据主要来源于为百度百科。百度百科是目前世界上最大的中文百科类网站，提供了丰富的知识，它为搜索引擎带来了全新的用户体验。例如，用户在查询"刘德华"时，搜索引擎不仅可以提供关于刘德华的结构化信息，同时还可以推荐一些他主演的电影、电视剧以及他唱过的歌曲等。

### 1.5.3.15　CN-DBpedia

CN-DBpedia始于2015年，是由复旦大学知识工场实验室研发的大规模开放中文通用知识图谱。其主要从中文百科类网站（如百度百科、互动百科、中文维基百科等）的半结构化页面中提取信息，经过滤、融合、推断等操作后，最终形成高质量的结构化数据。CN-DBpedia包含完整的数据和服务接口，具有实时更新能力，目前其包括1600万个实体以及2.2亿条关系。

# 第2章 词汇挖掘与实体识别技术基础

## 2.1 概述

人类学习一个领域的知识一般是从该领域的词汇和术语开始的。比如，对于知识图谱领域的学习，就要从对"关系抽取""词汇挖掘""实体识别"等领域词汇的理解开始。一旦机器具备了领域词汇的识别能力，就可以代替我们人类从事一些简单的知识工作。比如，猎头如果要寻找知识图谱领域的专家或学者，只需要判断候选人的简历或者论文题目中是否包含知识图谱的领域词汇，如"关系抽取""词汇挖掘""实体识别"等。再比如，在图书管理领域，领域词汇库可以帮助实现书籍或者文献的自动归类（将包含"词汇挖掘""实体识别"等词汇的文献归类到知识图谱子领域，进而归类到人工智能大领域）。可以说，对领域词汇的识别与理解是机器理解一个领域的前提和基础。词汇与领域之间的这种关联知识是一种相对简单的知识，也是知识图谱落地容易取得效果的一类知识。

从图模型的角度来看，构建知识图谱的第一步是获取图谱中的实体。知识图谱中的实体通常通过文本中的词汇或短语进行描述，比如"刘德华""复旦大学""图灵奖"等。在一些侧重语言知识表达的知识图谱中，比如WordNet，词汇更是直接作为知识图谱的节点。但并非所有的词汇都是知识图谱中的实体，例如，中文中的成语（如刻舟求剑、守株待兔）是大多数知识图谱不关心的内容。因此，知识图谱中实体的获取主要分为两大步：第一步，从文本语料中挖掘出尽可能多的高质量词汇；第二步，从这些词汇中筛选出目标知识图谱所需的实体。

针对第一步，本章具体介绍了如何从领域文本中挖掘出高质量的领域词汇，以及在此基础上，挖掘出词汇之间的同义关系，便于全面地理解词汇。在所有的同义关系中，存在着一种特殊的同义关系，即缩略关系。作为一类特殊的同义关系，除了通用的同义词挖掘方法外，本章还将介绍一些特有的挖掘方法。

针对第二步，在所有词汇及其之间的关系都确定之后，需要进一步筛选出目标知识图谱所需的实体。实体识别的基本思路是：当一个词语在某个上下文中表达的是某个预定义的概念时（人物、地点、机构等），该词汇就是一个实体。例如，词语"刘德华"在句子"刘德华是中国香港男歌手"中表达出"人物"的概念，因此认为"刘德华"属于"人物气所以,要确定哪些词语是知识图谱中的实体,只需要确定知识图谱中的概念,并从文本中识别出那些属于概念集合的词汇。这一过程又被称作命名实体识别。

本章所述的词汇挖掘与传统图书情报领域的叙词表建设极为相关。叙词表又被称为主题词表,是一个针对特定学科领域的词汇表,也可以是涉及多个学科领域的综合性词汇表。该词汇表由一些语义相关的规范化名词术语组成。叙词表的主体结构一般按照主题词首字母的顺序进行组织。除了领域词汇(又被称为主题词)外,叙词表还包括词与词之间的等价关系、等级关系或相关关系等内容。等价关系管理同义词,也就是把一些同义词或者异形术语(异形术语一般是简称、别名或变体,比如"复旦")对应到某个优选术语上(术语的标准表达方式,比如"复旦大学")。建立等级关系是指把优选术语分类为大的类别及大类别下面的子类别(如社会科学类、文学类和自然科学类等),之后每个类别向下进一步细分延伸。建立相关关系是指建立有意义的连接,比如,优选术语和相关术语之间的同义关系,再比如,"复旦大学"与"985院校"之间的上下位关系。此外,可能还存在不同索引方式的附表,如地区索引、机构索引和人名索引等。

传统图书情报领域的叙词表建设往往依赖领域专家,以手工构建为主。但随着大数据时代的到来,领域语料日积月累,为基于统计方法的词汇挖掘提供了方便。采用自动化方法挖掘与构建叙词表对于当前的应用而言是必需的。首先,自动化方法人力成本低,能够开展大规模词汇挖掘,而传统的手工方法受限于高昂的人力成本只能覆盖头部词汇。其次,当前技术日新月异,迫切需要实时、自动的词汇挖掘方法。人工智能等相关领域研究正呈现加速的趋势,新技术与新模型层出不穷,依赖人工整理词汇已经无法跟上飞速发展的技术更新。

## 2.2 领域短语挖掘

短语挖掘一般应用于构建领域知识图谱,用于发现领域相关的短语,进而找到其中领域相关的实体。本节将围绕领域短语挖掘展开,首先介绍领域短语挖掘的定义以及与相关任务(LDA主题模型、关键词抽取和新词发现)的区别和联系,接着介绍领域短语挖掘的两类方法:无监督方法和监督方法,之后再详细介绍这两类方法使用的统计指标特征。

领域短语挖掘的输入是领域语料,输出是领域短语。需要说明的是,早期将这项工作称为词汇挖掘(Glossary Extraction),现在也使用短语挖掘(Phrase Mining)来描述。这里的短语指一个单词(Single-word Phrase,如"USA")或多个连续的单词(Multi-word Phrase,如"support vector machine")组成的序列。英文的每个单词(Word)之间都有空格作为间隔,而中文的字和字之间没有间隔。中文的词一般是指由多个字组成的序列，如"苏格拉底"，相当于英文的短语。本书将词汇挖掘和短语挖掘统称为短语挖掘。另外，一些中文短语挖掘的研究者会将中文文本先分词，如将"复旦大学"切分为"复旦"与"大学"。这样，中英文短语挖掘就统一为挖掘高质量短语所对应的单词序列。

## 2.2.1 问题描述

领域短语挖掘指的是从给定的领域语料（将大量的文档融合在一起组成一个语料）中自动挖掘该领域的高质量短语的过程。领域短语挖掘的输入是领域语料，输出是该领域中的高质量短语（High Quality Phrase）。比如，从人工智能的论文集中挖出"支持向量机"、"卷积神经网络"和"机器学习"等高质量短语。

在给定的文档中，一个高质量短语是指连续出现的单词序列，也就是 $w_1w_2w_3\cdots w_n$，其本质上是一个N-Gram，其中N指短语的长度。比如，"support vector machine"的 1-Gram有"support""vector""machine"，2-Gram有"support vector""vector machine"，3-Gram有"support vector machine"。对于中文短语挖掘，$w_i$ 可以是词（比如，"复旦大学"可以认为是由"复旦"与"大学"构成的词序列），也可以是字符（比如，"复旦大学"可以认为是由四个字符构成的字符序列）。一个高质量的短语通常独立描述了一个完整、不可分割的语义单元。对于短语的质量，我们一般从以下几个角度来评估。

频率：一般来说，一个N-Gram在给定的文档集合中要出现得足够频繁才能被视作高质量短语。N-Gram本身就是单词的序列组合，因此一个单词序列被使用得越多，就越可能是一个高质量短语。如果一个N-Gram出现的次数过少，那么它极有可能只是一个拼写错误。

一致性：一致性指的是N-Gram的搭配频率明显高于其各部分偶然组合在一起的可能性，即反映的是N-Gram中不同单词的搭配是否合理或者是否常见。搭配越常见，相应的N-Gram越有可能是一个高质量短语。

信息量：一般来说，一个高质量短语应该传达一定的信息，即表达一定的主题或者概念。比如，"机器学习"与"这篇论文"在机器学习论文语料中出现的频率都很高，单词之间的搭配也都很合理，但是显然后者没有太多信息量。

完整性：一个高质量短语还必须在特定的上下文中是一个完整的语义单元。比如，"vector machine"在机器学习论文语料中很少单独出现，更多的是以"support vector machine"的完整形式出现的，那么它自身就不能算是一个高质量短语。

领域短语挖掘和隐含狄利克雷分布（Latent Dirichlet Allocation，LDA）主题模型的区别在于，LDA主题模型的输入是若干篇文档，输出是每篇文档的主题分布和每个主题的词分布，根据这两个分布可以得到每篇文档中不同词的分数。领域短语挖掘的输入不区分多篇文档，而是直接将它们合并为一个大文档，输出是该领域的高质量短语。LDA关注的是主题下的字（词）分布，并不关心如何得到短语。事实上，更好地使用LDA的方式是先利用短语挖掘识别出领域短语，再使用LDA，这实际上是Phrase-LDA，在实际应用中往往能够取得更好的效果。

领域短语挖掘和关键词抽取的区别在于，关键词抽取是从语料中提取最重要、最有代表性的短语，抽取的短语数量一般比较少，比如，我们写论文的时候在摘要（Abstract）下面一般会附上五六个关键词（Key Word）。

领域短语挖掘和新词发现的区别在于，新词发现的主要目标是发现词汇库中不存在的新词汇，而领域短语挖掘不区别新短语和词汇库中已有的短语。新词发现可以通过在领域短语挖掘的基础上进一步过滤已有词汇来实现。

### 2.2.2 领域短语挖掘方法

早期的短语挖掘主要基于规则来挖掘名词性短语。最直接的方法是通过预定义的词性标签（POS Tag）规则来识别文档中的高质量名词短语。但规则一般是针对特定领域手工设计的，存在一定的局限性。一方面，人工定义的规则通常只适用于特定领域，难以适用于其他领域。另一方面，人工定义规则代价高昂，难以穷举所有的规则，因此召回率存在一定的局限性。为了避免人工定义规则的高昂代价，可利用标注好词性的语料来自动学习规则，使用马尔可夫模型来完成这一任务。但是，词性标注不能做到百分之百的准确，这会在一定程度上影响后续规则学习的准确率。

近年来，利用短语的统计指标特征来挖掘词汇成为主流方法之一。基于统计指标的领域短语挖掘方法可以分为无监督学习和监督学习两大类方法。无监督学习适用于缺乏标注数据的场景，监督学习适用于有标注数据的场景。

无监督方法主要通过计算候选短语的统计指标特征来挖掘领域短语，主要流程：人工智能语料→候选短语生成→统计特征计算→质量评分→排序输出。

（1）候选短语生成：这里的候选短语就是高频的N-Gram（连续的N个字词序列）。首先设定N-Gram出现的最低阈值（阈值和语料的大小成正比，语料越大，阈值越大。对于较大的语料，阈值一般取30），通过频繁模式挖掘得到出现次数大于或等于阈值的N-Gram作为候选短语。

（2）统计特征计算：根据语料计算候选短语的统计指标特征，如TF-IDF（频率-逆文档频率）、PMI（点互信息）、左邻字熵以及右邻字熵等。

（3）质量评分：将这些特征的值融合（如加权求和等）得到候选短语的最终分数，用该分数来评估短语的质量。

（4）排序输出：对所有候选短语按照分数由高到低排序，通常取前K个短语或者取根据阈值筛选出的短语作为输出。

基于监督学习的领域短语挖掘在无监督方法的基础上增加了两个步骤，其主要流程：人工智能语料→候选短语生成→统计特征计算/样本标注→分类器学习→质量评分→排序输出。增加了样本标注和分类器学习，前者负责构造训练样本，后者根据样本训练一个二元分类器以预测候选短语是否是高质量短语。

样本标注：其具体实现可以是人工标注或者远程监督标注两种常见形式。人工标注指由人手工标注候选短语是否是高质量的。远程监督标注一般用在线知识库（如百度百科、维基百科等）作为高质量短语的来源，如果候选短语是在线知识库的一个词条，则其被视作高质量短语，否则被视作负样本。

分类器学习：根据正负样本，学习一个二元分类器。分类器模型可以是决策树、随机森林或者支持向量机。对于每个样本，使用统计指标（TF-IDF、C-value、NC-value以及PMI等）构造相应的特征向量。

上述方法根据原始词频的相关统计特征（如词频、PMI和左/右邻字熵等）来判定候选短语的质量，因此词频统计的准确性会对最终的打分产生显著影响。直接的统计方法会从文本中枚举所有的N-Gram并统计其相应的出现次数作为词频，这就导致了子短语的词频一定大于父短语，比如在人工智能语料中"向量机"和"支持向量"的词频一定大于或等于"支持向量机"。但事实上"支持向量机"的质量更高，因此基于原始词频的质量估计有偏差，不足以采信。导致这一估计偏差的根本原因在于，一旦认定某个父短语（比如"支持向量机"）是高质量短语，那么它的一次出现就不应该重复累积到其任何子短语上。

因此，基于N-Gram的原始频次统计方法需要修正与优化。考虑到在构建了高质量候选短语的判定模型之后，可以尝试利用模型来识别高质量短语，再根据已经发现的高质量短语对语料进行切割，在切割的基础上重新统计词频，改进词频统计的精度。Segphrase和Autophrase均采用了这一思路。比如，假定根据高质量短语识别模型将"支持向量机在高维或无限维空间中构造超平面或超平面集合"切割为"支持向量机/在/高维/或/无限维空间/中/构造/超平面/或/超平面集合"。那么，"支持向量""向量机"和"支持向量机"的词频将从1、1和1修正为0、0和1。

基于监督学习的领域短语挖掘方法经过优化后，采取迭代式计算框架，在迭代的每一轮先后进行语料切割和统计指标更新。由于切割可以提升频次统计的精度，基于相应统计特征构建的高质量短语识别模型也就更加精准，从而能更好地识别高质量短语。而高质量短语的精准识别又可以进一步更好地指导语料切割。语料切割与高质量短语识别两者之间相互增强。经过多次迭代，直至候选短语得分收敛。最终，依据每个候选短语的最后得分识别语料中的高质量短语。

## 2.2.3　统计指标特征

下面依次介绍前面提到的统计指标特征：TF-IDF、C-value、NC-value、PMI、左邻字熵和右邻字熵。

### 2.2.3.1　TF-IDF

首先可以采用TF-IDF（Term Frequency-Inverse Document Frequency，即词频-逆文档频率）方法来评估短语质量。TF-IDF一般用来评价一个短语在语料中的重要性。

比如，在人工智能主题的语料中，"支持向量机""神经网络"和"增强学习"等出现的频率较高。但是一些通用词汇，比如"的""是"和"由于"等，出现频率也相当高。而这些通用词汇过于普遍，并不适合用来刻画该领域语料的特征。考虑到通用词汇通常在外部文档中也以很高的频率出现，但是领域词汇在外部文档中出现的频率则要低很多，因此通常引入逆文档频率来识别领域特有的高质量短语。如果某个短语在领域语料中频繁出现但是在外部文档中很少出现，则该短语很可能是该领域的高质量短语。

TF-IDF形式化地表示为TF乘以IDF。对于某个词汇u，其TF值定义为语料中该词汇出现的频次（f（u））除以该语料中所有词汇的累计词频，如公式（2-1）所示。IDF定义为外部文档总数除以包含该词汇的外部文档数（通常使用比值的对数形式）；为避免外部文档中从未出现某个词汇所导致的分母为0的异常情况，一般会在IDF公式的分子和分母上加一个非零正常数δ进行平滑处理，如公式（2-2）所示。其中，$d_j$是第j篇外部文档，|D|是外部文档的总数。

$$tf(u) = \frac{f(u)}{\sum_{u'} f(u')} \qquad (2\text{-}1)$$

$$idf(u) = \log \frac{|D| + \delta}{\left|\{i : u \in d_j\}\right| + \delta} \qquad (2\text{-}2)$$

一个词的重要程度与其在该语料中出现的频次（TF）呈正向关系，与其在外部文档中出现的频次（DF）呈反向关系（也就是与IDF呈正向关系）。

### 2.2.3.2　C-value

C-value也是一个在抽取领域短语时常用的指标，它在词频基础上还考虑了短语的长度，以及父子短语对于词频统计的影响。公式（2-3）给出了其具体的定义。

$$C-value(u) = \begin{cases} \log_2 |u| \cdot f(u), & u没有父短语 \\ \log_2 |u| \left( f(u) - \frac{1}{|T_u|} \sum_{b \in T_u} f(b) \right), & u有父短语 \end{cases} \qquad (2\text{-}3)$$

C-value首先考虑候选短语长度对其质量的影响。一般而言，在很多专业领域（比如医学领域）越长的短语越有可能是专有名词，从而极可能是高质量短语。$\log_2 |u|$就是用于奖励较长的短语的。其次，C-value考虑了统计候选短语频率时父短语的重复统计对于短语频次估计所带来的偏差。如果父短语是高质量短语，其任何子短语就不应再重复计数。因此，在统计一个短语的频次时，需要减去该短语所有父短语的频次。在公式（2-3）中，$T_u$是u的所有父短语，$|T_u|$是父短语的数量。同时，短语u可能存在多个父短语，公式（2-3）的第二个式子中减去了短语u的父短语出现的平

均频次，以消除因父短语重复计数所带来的偏差。

### 2.2.3.3 NC-value

C-value只使用了短语及其父短语出现的频次信息，没有充分利用短语丰富的上下文信息。比如，在句子"我正在读形而上学"中，动词"读"之后往往跟随着一个高质量的名词性短语。因此，充分考虑上下文信息可以改进对高质量短语的识别。NC-value正是基于这一思想对C-value进行了改进。NC-value在C-value的基础上，考虑候选短语u的上下文单词b属于$C_u$的影响，其中$f_u$（b）指的是b作为u的上下文出现的次数，weight（b）是衡量b重要性的权重。上下文单词（b）的选择对最终结果有显著影响。通常将上下文单词限定为名词、形容词和动词。例如，"shows a basal cell carcinoma"中的"shows"就是候选短语"a basal cell carcinoma"的上下文单词。

### 2.2.3.4 PMI

PMI（Pointwise Mutual Information，点互信息）也是在抽取领域短语时常用的指标。PM1值刻画了短语组成部分之间的一致性（Concordance）程度。假设某个短语u由$u_l$与$u_r$两部分组成，$u_l$与$u_r$的PMI值越大，u越可能是$u_l$与$u_r$的一个有意义的组合。PMI用公式（2-4）来计算：

$$PMI(u_1, u_f) = \log \frac{p(u)}{p(u_1)p(u_f)} \qquad (2\text{-}4)$$

当u="电影院"且$u_l$="电影"、$u_r$="院"时，P（$u_l$）和P（$u_r$）分别表示语料中"电影"与"院"独立出现的概率，p（$u_l$, $u_r$）表示"电影院"出现的概率。如果$u_l$与$u_r$在语料中的出现是相互独立的，那么p（u）=p（$u_l$）p（$u_r$）。也就是说，如果"电影"和"院"独立地出现在语料中，那么它们联合出现的概率应该等于其分别出现的概率之乘积。如果p（u）远大于p（$u_l$）p（$u_r$），也就是联合出现的概率远大于两者在独立情况下随机共现的概率，说明这两个部分的共现是一个有意义的搭配，预示着两者应该组成一个有意义的短语而非纯粹偶然共现。

一个候选短语往往存在多种拆分方式。比如，"电影院"既可以拆分为"电影"和"院"，也可以拆分为"电"和"影院"。同一个候选短语在不同的拆分方式下得到的PMI值往往不同。因此，需要枚举候选短语所有可能的拆分方式，一般取最小的PMI值作为该短语的最终PMI值（此时p（$u_l$）p（$u_r$）是各种拆分方式下的最大值，即$u_l$与$u_r$本身是最常见的单词或短语）。

尽管"的电影"与"电影院"都有较高的出现频次，但是通过PM1可以识别出"电影院"相对于"的电影"是质量较高的短语。这是因为"电影院"的组成部分（比如"电影"和"院"）之间的一致性明显高于"的电影"的组成部分（比如"的"和"电影"）之间的一致性。

### 2.2.3.5　左邻字熵与右邻字熵

左邻字熵与右邻字熵也是短语的一类重要统计特征。一个好的短语应该有着丰富的左右搭配，即好的短语应该有着丰富的左邻字集合和右邻字集合。反之，如果左右邻字总是某一词汇，则预示着其自身不是好的短语。例如，"亚里士多"这个短语的右邻字比较固定，总是"德"字，所以一般不会把它当作一个完整短语，而应将"亚里士多德"当作一个完整短语。

左邻字熵与右邻字熵用来刻画短语的自由运用程度，即用来衡量一个词的左邻字集合与右邻字集合的丰富程度。信息熵可以用来表示这种丰富程度。熵表达了事件的不确定性（随机性），熵越大则不确定程度越高。一般用左（右）邻字熵来衡量左（右）邻字集合的随机性。左（右）邻字熵越大，则某个短语的左（右）邻字越丰富多样，该短语越有可能是一个高质量短语。给定某候选短语u，其左（右）邻字熵用公式（2-5）来计算：

$$H(u) = -\sum_{X \in \chi} p(x) \log p(x) \qquad (2\text{-}5)$$

其中，p（x）为某个左邻（右邻）字x出现的概率，χ是u的所有左邻（右邻）字的集合。一般而言，我们希望一个候选短语的左邻字熵和右邻字熵都较大，最后可以选择左邻字熵和右邻字熵中的较小值来衡量该短语的质量。

统计指标特征小结。上述各类典型指标的总结见表2-1。实际应用时通常需要结合多种统计指标特征来更好地识别高质量短语。比如，若只考虑左邻字熵与右邻字熵，可能会找出"了一"这种无意义的短语（"了一"的左右邻字（词）很丰富，比如"去了一趟""走了一回"等）；若只考虑PMI，可能会找出残缺的短语，比如"亚里士多"。

表2-1　统计指标特征及其作用

| 统计指标 | 特征及其作用 |
|---|---|
| TF-IDF | 挖掘能够有效代表某篇文档特征的短语 |
| C-value | 考虑了短语与其父短语的关系来挖掘高质量短语 |
| NC-value | 在C-value的基础上进一步考虑了上下文来挖掘高质量短语 |
| PMI | 挖掘组成部分一致性较高（经常一起搭配）的短语 |
| 左（右）邻字熵 | 挖掘左（右）邻丰富的短语 |

# 2.3　同义词挖掘

## 2.3.1　概述

同义词是指意义相同或相近的词。同义词的主要特征是它们在语义上相同或相似。语言中的同义关系十分复杂，同义关系至少包含以下几类。

不同国家的语言互译。例如，"玩具"对应的英文为"toy"，摩拜对应的英文为"Mobike"。

具有相同含义的词。例如，教室与课堂、枯萎与干枯、男孩与男生。

中国人的字、名、号、雅称、尊称、官职、谥号等。例如，宋太祖与赵匡胤、苏轼与苏东坡、周杰伦与周董。

动植物、药品、疾病等的别称或俗称。例如，番茄与西红柿、小儿麻痹症与脊髓灰质炎。

简称。例如，江西省简称为"赣"。

需要注意的是，同义词表达的是词汇之间的语义相似性，而不是相关性。比如，猫与狗十分相关，鼠标与键盘十分相关，但它们显然都不是同义词。此外，同义词的一种特例是缩略词，但同义词远不止缩略词一种形式。缩略词是与全称强相关的，一般要求保留来自全称的部分字符，而同义词之间在形式上可能完全不相关。

## 2.3.2　典型方法

同义词挖掘有各种不同的方法，每一种方法都有一定的优缺点。设计各种方法的主要关注点是如何降低人力成本。本节列举一些目前常见的同义词挖掘方法，在使用时需要根据实际应用进行选择与取舍。

### 2.3.2.1　基于同义词资源的方法

已有的同义词资源主要来自字典、网络字典以及百科词条。其中字典中的同义词资源是经由专家手工整理而成的，通常质量较高，但难以完整收录（因为人力成本高昂）。近年来，随着网络百科的发展，互联网上的知识资源日益丰富，维基百科、百度百科成了新的同义词来源。利用字典和百科词条挖掘同义词准确度极高，所以是一种十分流行、广为采用的方法。这些同义词资源也为构建基于学习模型的同义词挖掘方法提供了丰富的样本。从同义词资源挖掘得到的同义词往往只包含书面用语，收录不完整，这是该方法的缺点所在。

首先介绍字典和网络字典，典型的字典资源包括WordNet、汉语大词典等。通过查询一个词在这些字典中收录的同义词，便可以挖掘其同义词，这种方法简单、有效,但挖掘出的词条偏向书面用语。以百度汉语中"快速"这个词为例,可以得到"快速"的同义词是"迅速"。

类似的,通过查询百科词条,也可以获得一个词语的同义词。常见的百科词条资源有维基百科、百度百科等。通过爬取一个词语的百科词条页面,并解析其Infobox中的信息,便可获取同义词。这种方法挖掘出来的同义词通常质量较高,并且百科词条往往涵盖了各领域的词汇,覆盖面很全。以百度百科词条"彼岸花"为例,在其Infobox中可以提取"别称"、"拉丁名"等属性,从而可以提取包括"乌蒜、彼岸花、曼珠沙华、曼陀罗华、石蒜"等同义词。

### 2.3.2.2 基于模式匹配的方法

基于模式匹配的方法利用同义词在句子中被提及的文本模式从句子中挖掘同义词。首先需要定义同义词抽取的模式(Pattern),常见的中文模式有"又称"、"亦称"和"括号"等。例如,"番茄又称西红柿",对于这种情况,我们可以定义模式为"X又称Y",X和Y为同义词对。表2-2列出了常见的中文同义词模式。在定义好模式后,输入语料,将语料中的文本与模式进行匹配,若匹配成功,即可识别出同义词。

表2-2 常见的中文同义词模式

| 模式(X、Y表示一组同义词对) | 举例(下划线匹配X,波浪线匹配Y) |
| --- | --- |
| X又称Y | 番茄又称西红柿 |
| X(Y) | 明太祖(朱元璋),摩拜(Mobike) |
| X简称Y | 巴塞罗那简称巴萨 |
| X,亦称Y | 计量,亦称测量 |
| X,别名Y | 曼珠沙华,别名彼岸花 |
| X的全称是Y | 皇马的全称是皇家马德里 |
| X,俗称Y | 脊髓灰质炎,俗称小儿麻痹症 |

基于模式匹配的同义词挖掘通常具有较高的准确率,但在召回率方面存在局限性。每种文本模式的表达能力有限,只能召回基于该模式表达的同义词对,对于超出预定义模式的同义词对就无能为力了。很多同义词对在文本中没有明显的表达模式,甚至很少在句子中同时出现。比如,谦虚与谦逊是同义词,但在文本中很少同时出现,类似"小张是一个很谦虚,又称谦逊的人"的句子不太可能出现。此外,不同语言、不同语料中的同义关系的表达模式也不尽相同,很难穷举各种同义关系的表达模式,而且每个新语料都需要花费大量的人力手工定匹配模式,代价十分高昂。

### 2.3.2.3　自举法

为了解决基于模式匹配的方法召回率低的问题，研究人员提出了自举法（Bootstrapping）。自举法是对基于模式匹配的方法的改进，从一些种子样本或者预定义模式出发，不断地从语料中学习同义词在文本中的新表达模式，从而提高召回率。自举法是一个循环迭代的过程，每轮循环发现新模式、召回新同义词对，循环往复直至达到终止条件。自举法挖掘同义词的基本流程如下：

（1）准备数据。首先，准备语料，定义初始模式。初始模式默认被标记为"新模式"。

（2）模式匹配。采用前面介绍的"模式匹配"方法，使用"所有模式"中的每个"新模式"对语料进行模式匹配，发现新的同义词对。

（3）模式发现。在语料中对每一个新的同义词进行搜索，以寻找新的模式。例如，给定同义词对（西红柿，番茄），在语料中搜索出现同义词的句子，不难匹配如下几种模式：①"西红柿（番茄）"，②"西红柿，又名番茄"，③"西红柿，又称番茄"等等。将这几种模式中的同义词用X和Y进行替换，可以得到：①"X（Y）"，②"X，又名（Y）"，③"X，又称Y"等模式。然后将发现的新模式加入现有的模式库中，并标记为"新模式"。

（4）重复第（2）～（3）步，直到达到终止条件（准确率和召回率达到一定水平，或者无法再发现更多的同义词对）。

自举法可以自动挖掘新模式。新模式召回了更多的同义词对，因此提高了召回率。但是自动学习获得的新模式的质量难以得到保证，导致挖掘出的同义词对的准确率有所下降。例如，一对同义词A和B（明太祖、朱元璋）在句子"洪武三十一年，明太祖（朱元璋）病逝"中出现，可以得到一个同义词模式"X（Y）"。这一模式进而从"我觉得水蜜桃（南汇）比较好吃"中抽取出"水蜜桃"和"南汇"，但显然这组词不是同义词对。有各种方法可以解决自举法模式枚举的质量问题，一种直接的方法是对模式质量进行评估。一个好的模式应该尽量召回正确的同义词对，而尽量少召回非同义词对，因此可以事先构造一些正负例样本用于模式评估。

### 2.3.2.4　其他方法

除了上述方法外，还有一些思路。一类是借助序列标注模型自动挖掘同义词的文本描述模式。比如，定义"ENT"表示实体，"S_B"表示模式开始的位置，"S_I"表示模式继续的位置，"O"表示其他成分。基于标注好的文本数据，通过序列标注模型学习出新的模式。

另一类是基于图模型挖掘同义词。基于词与词之间的各种相似性可以构建一张词汇关联图。同义词在图上往往呈现出"抱团"的结构特性。也就是同义词之间关联紧密，不同义的词之间关联稀疏。这个特性就是复杂网络中的社团结构。因此，可以将同义词发现问题建模为图上的社团发现问题。它将词语组成的语义关联图作为输入并返回图上的社团，每个社团对应一组同义词。

上述思路的第一步是构造由词语组成的语义关联图。可以通过多种方式实现这一目标。一种典型的方式是计算每对词语相应的词向量之间的余弦相似度，如果相似度大于特定阈值，在图中添加边。给定了图结构，下一个关键步骤就是计算图上的划分。存在多种划分节点的方式，显然我们希望找到划分内尽可能紧密且划分间尽可能稀疏的划分方式。划分得好坏可以通过模块度进行度量。因此，可以通过最大化模块度对图进行划分。

此外，有些平台（比如搜索引擎）有其鲜明特征，为挖掘同义词提供了新的机会。基于搜索日志的同义词挖掘方法充分利用了用户的点击行为，其基本假设是：对于搜索引擎上两个不同的搜索短语A和B，如果用户总是倾向于点击返回结果网页中的相同网页，则A和B很可能是同义词。利用远程监督自动标注样本并依据这些样本训练的同义词挖掘模型，近期也受到了关注。远程监督的方法借助已有的知识（例如知识图谱、字典、百科词条）自动标注同义词对。比如，在百度百科的文本中，"清圣祖""爱新觉罗·玄烨"与"康熙"之间互有链接。这些相互链接且形式不同的词条都是"康熙"的同义词。借助在线知识库生成大量的同义词标注数据，不难学习相应的同义词挖掘模型并展开预测。

## 2.4　缩略词抽取

缩略词（Abbreviation）是同义词的一种重要形式，也是自然语言中常见的现象之一。缩略词表达词语的缩略形式。理解词汇的缩略词表达形式，是构建与应用知识图谱的重要环节。机器理解缩略词对于很多应用（如实体链接、情感分析、事件抽取等）具有重要意义。本节先介绍缩略词的概念与形式）接着介绍如何从文档中检测和抽取缩略词，最后介绍如何自动习得缩略词形式并进行预测。

### 2.4.1　缩略词的概念与形式

缩略词指的是一个词或者短语的缩略形式。缩略词的英文"Abbreviation"出自拉丁语，原意同"short"。缩略词广泛存在于英文、中文等各种不同的语言中。缩略词通常由原词中的一些组成部分构成，同时保持原词的含义。Vicentini曾指出，出于经济性原则，人们往往习惯于使用缩略词来代替一些冗长的词。目前，缩略词抽取在缩写形式比较规范的生物、医学等领域的文本中已经相当成熟。缩略词的检测与抽取在方法上与同义词的检测与抽取类似，但是相比同义词，缩略词在文本中出现的规则往往更简单。

在不同的语言中，缩略词的形式有所不同。接下来，首先介绍缩略词在一些表音（字母）文字（如拉丁语系）以及一些表意文字（如中文）中的形式。表音文字在缩略词的形式上往往有相通之处。以拉丁语系为例，缩略词的形式包括contractions（简称）、crasis（元音融合）、acronyms（首字母缩写）和initialisms（首字母缩写）。contractions指的是通过省略某些字母或音节并将第一个和最后一个字母或元素组合在一起来缩写单词。crasis是一种特殊的contractions形式，常常会将两种元音或者双元音合并为一个新元音或双元音，这种缩略词形式出现在葡萄牙语、阿拉伯语等语言中。acronyms与initialisms都是通过组合原词中的首字母构成新词，区别在于acronyms构成缩略词后可以拥有新的发音。

拉丁语系中不同类别的缩略词形式如表2-3所示。在上述表达形式中，contractions和crasis的形式常常比较固定，相关的研究往往关注从文本中抽取出acronyms以及initialisms形式的缩略词。

表2-3　拉丁语系中不同类别的缩略词形式

| 缩略词形式 | 原词 | 新词 |
| --- | --- | --- |
| contractions | Doctor，I am（英语） | Dr，I'm |
| crasis | De le，de les（法语） | Du，des |
| acronyms | Severe Acute Respiratory Syndrome（英语） | SARS |
| initialisms | British Broadcasting Corporation（英语） | BBC |

相比表音文字，一些表意文字（如中文）的缩略词形式更加复杂。这类文字常常不存在词边界（即词与词之间不存在明显的界限），在自然语言处理中依赖分词算法来对其词边界进行划分。然而，目前的分词算法的性能受限于词汇表大小，对于未登录词的分词能力有限，并且还存在分词粒度难以控制等问题。除此之外，中文缩略词的形式也更复杂。一个实体或者短语常常由多个词组成，每个词包含的字数不同。缩略词往往是从每个词中选取一个或者多个字组成的，剩下的那些字则直接省略。中文缩略词的主要形式如表2-4所示。

表2-4　中文缩略词的主要形式

| 全称 | 分词结果 | 缩略词 |
| --- | --- | --- |
| 中国中央电视台 | 中国中央电视台 | 央视 |
| 安全理事会 | 安全 理事会 | 安理会 |
| 中国电子系统工程第四建设有限公司 | 中国 电子 系统工程 第四建设 有限公司 | 中电四公司 |

缩略词相关的研究主要可以分为两类：一是缩略词的检测及抽取，二是缩略词的预测。缩略词的检测和抽取指的是从给定的文本中挖掘出可能的实体-缩略词对。迄今为止，这类方法在生物、医药等领域已经有了相当多的研究和成果。除了基于检测和抽取的方法外，一些研究针对某些特定语言（如中文）中的缩略词形式提出

了缩略词预测的方法。这种方法不再依赖于文本语料，而是试图从现有的实体-缩略词对中总结缩略词形成的特点，利用规则或者机器学习的方法预测新给定的实体可能的缩略词形式。接下来分别介绍这两类方法。

### 2.4.2 缩略词的检测与抽取

缩略词的检测及抽取方法以模式匹配为主。但是，自动抽取出的结果常常包含大量噪声。为了解决抽取出的结果中存在大量噪声的问题，一些研究者利用统计信息结合各类机器学习方法来对抽取结果进行清洗。

#### 2.4.2.1 基于文本模式的抽取

基于文本模式构建抽取规则是缩略词抽取最常用的方法。由于缩略词本质上是同义词的一种形式，因此缩略词抽取中使用的规则与同义词抽取中的很相似。

通过编制复杂且精细的模式能保证基于模式匹配的缩略词抽取方法的准确率。但是，复杂的模式往往召回率较低，枚举长尾模式显然也十分困难。此外，基于模式匹配的抽取仍然可能存在错误。因此，缩略词抽取往往只是第一步，之后常常需要对抽取结果进行清洗和筛选。

#### 2.4.2.2 抽取结果的清洗和筛选

对缩略词搜索结果的清洗和筛选主要分为两种。一种是利用数据集有关缩写的统计指标进行识别，如频率（包含原词出现频率、缩略词出现频率以及原词与缩略词共现频率等形式）、卡方检验、互信息以及最大熵等。另种是使用机器学习模型构建二元分类模型（可采用支持向量机、逻辑回归等模型），以此判断抽取出的缩略词正确与否。这类算法常常需要事先构建定规模的标注数据集。同时，这类算法依赖人为设计的特征，这些特征既包括前面提到的一系列统计指标，也包括文本特征。缩略词判定中常用的文本特征包括如下两类。

（1）字符匹配程度：这类特征包括缩略词中是否包含全称以外的词，缩略词与全称的编辑距离，缩略词与全称的长度差异，缩略词中的字在全称中的位置等。一般而言，缩略词中的字在全称中的位置分布越均匀越好，而越集中越可能有问题。以"上海交通大学"为例，"上海交"是位置靠前的三个字，而"上交大"是均匀分布在原词中的三个字，显然后者是较好的缩略词。

（2）词性特征：这类特征主要指全称及缩略词中包含的词性标签。比如，对于以地名和机构名组成的实体，其词性标注形式一般为[ns+n]（如"北京大学"，北京为地名（ns），大学为普通名词（n））。对于这类全称而言，只保留地名或者只保留机构名（"北京"或者"大学"）的缩略结果都是不合理的。

单纯利用统计信息的缩略词识别方法能够准确识别常见的缩略词模式，但对于长尾模式的识别往往效果较差；而机器学习模型通常具有一定的泛化能力，因此能够适应不同文本和不同领域，对低频缩略词模式的识别能力更强，但是对训练数据和训练模型的依赖也更强。

### 2.4.2.3　枚举并剪枝

考虑到基于模式匹配的缩略词检测和抽取方法存在的问题，一些研究者根据特定语言与形式的缩略词的特点提出了新的抽取方法，如枚举并剪枝便是针对中文缩略词提出的一种有效方法。对于中文缩略词而言，缩略词中常常仅包含原词中的字符，并且字符间保持原有顺序。枚举并剪枝方法的输入是语料以及某个给定实体。这一方法首先穷举目标实体名称所有子序列，即所有可能的缩略形式，进一步排除没有在文本中出现过的或者出现次数太少的候选缩略词。

## 2.4.3　缩略词的预测

缩略词抽取方法虽然能够获取大量的缩略词对，但受限于语料大小，其对于新登录词往往效果较差。目前一些相关研究着眼于分析缩略词的规则，自动习得缩略同形式并进行预测。这种方法不依赖于语料，仅依靠输入的全称的相关文本，通过自然语言模型预测该全称可能的缩略词形式。由于中文缩略词规则相对复杂，并且对缩略词的准确性判断缺乏统一标准，故缩略词预测的难度更大。这里以中文缩略词预测为例，介绍几种典型的预测方法。

### 2.4.3.1　基于规则的方法

虽然缩略词的形式没有统一的标准，但仍然存在一些缩略词生成规则，这些规则大致可分为两种。第一种是针对特定字符和词语形式的局部规则，大致包括如下规则。

（1）基于词性：如数字常常会保留（"北京市第四中学"——"北京四中"）。

（2）基于位置：如国家名往往用第一个字作为简称（"中国" 16 "中"，"日本" 16 "日"）。

（3）基于词之间的相互关联：如相邻的同类型词常常会各保留一部分，例如，在"中国日本友好协会"中，"中国"和"日本"作为同类型词采取了相同形式的缩略，对应的缩略词为"中日友协"。

第二种是依赖语言环境的全局规则。例如，我们知道"南大"一般指的是"南京大学"，因此在预测"南开大学"时需要避开结果"南大"。在尽可能地统计出这些规则以后，可以运用马尔可夫逻辑网之类的方法来整合这些特征进行缩略词预测。Zhang等人的工作就采取了这样的思路。

但是，也要注意缩略词问题涉及的很多规则往往是很复杂且难以被明确定义的。例如，"上交""上交大"和"上海交大"都是"上海交通大学"合理的缩略词形式，但是"上海交"却不合理。对于这一类现象很难定义明确的规则来解释。基于规则的缩略词预测与判定存在同样的局限性，即专家成本高、泛化能力弱。规则通常需要由领域专家来编写，一旦规则不全，就会导致规则之外的情况难以处理，从而导致召回率较低。此外，规则的匹配也存在一些问题，可能存在同一个全称适用多个匹配规则的情况，此时规则的选择或者融合往往十分困难。但总体上来说，规则是可控的、可解释的，这是基于规则的方法的优点。

### 2.4.3.2 条件随机场（CRF）

绝大多数的缩略词都由全称中包含的字符组成，并且字符间的顺序往往会保留。缩略词的这一特性使得序列标注模型成为可能。序列标注模型是预测缩略词的常用模型。条件随机场（CRF）是较早用于进行缩略词生成的序列标注模型。

CRF是Lafferty等人于2001年提出的一种建立在马尔可夫链基础上的无向图模型。CRF处理各类序列标注问题，其在中文分词、词性标注、命名实体识别等场景下都取得了较好的效果。CRF应用在序列标注问题中的一个优点是，每次标注时都会充分考虑已有的标注结果的影响。给定输入字符序列$C=c_1c_2\cdots c_T$输出标签序列$L=l_1l_2\cdots l_T$，L的计算过程为：

$$P(L/C) = \frac{1}{Z(C)}\exp\left(\sum_{t=1}^{T}\sum_k \lambda_k f_k(l_t, l_{t-1}, C, t)\right) \tag{2-6}$$

其中，$f_k$表示定义在观测序列的两个相邻标签位置上的状态转移函数，并用于刻画相邻标签变量之间的相关关系以及输入序列C对它们的影响。$\lambda_k$为第k个特征的权重参数，Z（C）是规范化因子。

基于CRF构建缩略词预测模型常用到以下特征（对应于公式（2-6）中的$f_k$）。

（1）字符级特征：字符本身（如"所""局"等）表示机构的字常常会保留。

（2）词级别特征：包括词本身（如"大学"）常常会缩写为"大"，以及词性（如地名）更有可能保留。

（3）位置特征：如一个词中第一个字与最后一个字更有可能保留。

（4）词的关联特征：如实体以"大学"结尾时，实体中的地名常常会保留。

### 2.4.3.3 深度学习

近些年来，深度神经网络模型在NLP领域得到了越来越广泛的应用。在很多序列标注任务中，深度学习方法取得了超越传统依赖人工提取特征的机器学习模型。在神经网络方法中，词或字符被表示为一个低维稠密空间中的向量。基于这些向量表示，可使用典型的网络结构[如卷积神经网络（CNN）、循环神经网络（RNN）]抽取字词之间的组合特征。与传统手工特征的方法相比，深度神经网络模型能捕捉到更多隐性的语义特征，在训练数据充足的情况下深度神经网络模型往往能取得更优异的性能。目前也有一些研究尝试将深度神经网络模型运用在缩略词预测任务上。

深度神经网络模型常常需要使用预训练好的词向量来提升模型的性能。对于中文缩略词问题而言，字符本身的语义和字符在整个词语中的语义常常存在很大的差别。以"香港"为例，"香"和"港"本身的含义分别是"味道好闻"和"港口"，然而"香港"在实体"香港大学"中的含义应该是香港这个"城市"。在中文相关的处理中，通常要将字符级向量表示及词汇级向量表示等不同粒度的语言信息输入到深度神经网络模型中，才能取得较好的效果。基于深度学习的缩略词预测的主要缺陷在于其不可解释性，用户往往很难理解究竟是什么样的特征产生了最终的结果。这一点在很大程度上限制了对其性能的进一步提升。

# 2.5　实体识别

实体是知识图谱最重要的组成，命名实体识别（Named Entity Recognition，NER）对于知识图谱构建具有重要意义。本节先介绍实体识别的基本概念，再介绍传统的NER方法和基于深度学习的NER方法。

## 2.5.1　概述

命名实体是一个词或短语，它可以在具有相似属性的一组事物中清楚地标识出某一个事物。命名实体识别（NER）则是指在文本中定位命名实体的边界并分类到预定义类型集合的过程。实体是一个认知概念，指代世界上存在的某个特定事物。实体在文本中通常有不同的表示形式，或者不同的提及方式。命名实体可以理解为有文本标识的实体。实体在文本中的表示形式通常被称作实体指代（Mention，或者直接被称为指代）。比如周杰伦，在文本中有时被称作"周董"，有时被称作"Jay Chou"。因此，实体指代是语言学层面的概念。

## 2.5.2　传统的NER方法

传统的NER方法主要分为三类：基于规则、词典和在线知识库的方法，监督学习方法和半监督学习方法。下面依次介绍这三类传统的NER方法。

### 2.5.2.1　基于规则、词典和在线知识库的方法

这类方法是早期常见的NER方法。它们基于规则、词典和在线知识库，依赖语言学专家手工构造规则。通常每条规则都被赋予权值，当遇到规则冲突的时候，选择权值最高的规则来判别命名实体的类型。

比较著名的基于规则的NER系统包括LaSIE-II、NetOwl网、Facile网、SRA、FASTUS和LTG等系统。这些系统主要基于人工制定的语义和句法规则来识别实体，

LTG系统使用的部分规则如表2-5所示（其中，"Xxxx+"代表大写单词序列，"DD"代表数字，"PROF"代表职业，"REL"代表人物关系，"JJ*"代表形容词序列）。具体来说，规则"Xxxx+，DD+"是英文环境中常见的对人物名字和年龄的介绍方式，通过该规则，可以识别出句子"White，33"中的"While"为人名。基于规则的实体识别系统往往还需要借助实体词典，对候选实体进行进一步的确认。当词典详尽无遗时，基于规则的系统效果很好。但是基于特定领域的规则和并不完整的词典，往往会导致NER系统有着较低的召回率，而且这些规则难以应用到其他领域。

表2-5 LTG系统使用的部分规则

| 规则 | 标注 | 举例 |
| --- | --- | --- |
| Xxxx+，DD+ | 人物 | White，33 |
| Xxxx+ is?a?JJ*PROF | 人物 | Yuri Gromov，a loner director |
| Xxxx+ is?a?JJ*REL | 人物 | John White is beloved brother |
| Xxxx+ himself | 人物 | White himself |
| Xxxx+ area | 地点 | Beribidjan area |
| PROF of/at/with Xxxx+ | 组织机构 | Director of Trinity Motors |
| shares in Xxxx+ | 组织机构 | Shares in Trinity Motors |

E. Alfonseca和Manandhar提出了一种基于WordNet的实体分类方法。该方法的基本思想是计算某个词或实体（比如《指环王》中的Mordor）与WordNet中的概念或者实例的语义相似性，将目标词挂载到相应的概念或者实例的上位词下，从而完成实体分类。比如，Mordor与WordNet中的Country有着足够强的相似性，因此其应该归类为Country。WordNet具有丰富的类别体系，因此这一方法可以极大地拓展普通NER模型类别的数量：这一方法无须人为定义模式，也无须标注样本，有时也被归类到无监督学习方法中。无监督学习方法更多地被应用于NER任务中确定实体类别的部分。

### 2.5.2.2 监督学习方法

当应用监督学习方法时，NER被建模为序列标注问题。NER任务使用BIO标注法。BIO标注法是NER任务常用的标注法，其中B表示实体的起始位置，I表示实体的中间或结束位置，O表示相应字符不是实体。

基于序列标注的建模接收文本作为输入，产生相应的BIO标注为输出。常见的序列标注问题的建模模型包括HMM（Hidden Markov Model，隐马尔可夫模型）和CRF。HMM是一种生成式模型，也就是直接建模输入文本X和输出标签序列Y的联合概率$P(Y, X)$。HMM将待预测的标签序列Y视作隐变量，将输入文本X视作由这些隐变量经由马尔可夫随机过程生成的结果。因此，对输入文本求解最优标签序列

的过程可以建模为 $\hat{Y}=\text{argmax}_Y P$（Y，X）。

基于HMM的建模假定了标签序列之间具有较强的马尔可夫性（也就是$y_i$仅条件依赖于$y_{i-1}$），这一假设太强，限制了其实际应用的效果。CRF是一种判别式模型，直接建模并求解使P（Y|X）最大的Y。在CRF中，每个$y_i$不仅取决于$y_{i-1}$，还取决于整个输入X。基于CRF的NER已被广泛应用在各领域的文本数据上，包括医学文本、化学领域文本以及互联网文本。

基于监督学习的NER方法从大规模序列标注样本习得文本中的实体标注模式，再利用这一模式对新的句子进行标注。特征工程在基于监督学习的NER系统中至关重要。NER系统常会用到以下几类典型特征：单词级别的特征（如词法、词性标签）、列表查找特征（如维基百科地名录、DBpedia地名词典）以及文档和语料特征（如语法、共现）。

### 2.5.2.3　半监督学习方法

在NER任务中，监督学习方法面临着缺少标注语料和数据稀疏的问题，无监督学习方法的效果仍然有待提升，因此半监督学习（Semi-Supervised Learning，SSL）作为监督学习与无监督学习相结合的一种学习方法被应用于NER任务中。一类典型的半监督学习方法是自举法，通常从少量标注数据、大量未标注数据和一小组初始假设或分类器开始，迭代生成更多的标注数据，直至到达某个阈值。例如，针对蛋白质名称的NER系统要求用户先提供少量示例名称。然后，系统搜索包含这些名称的句子，并尝试识别这些示例共有的一些上下文信息。接着，系统会查找具有相似上下文的其他蛋白质名称；新发现的蛋白质名称被进一步用于发现新的上下文。重复这一过程，最终将收集到大量的蛋白质名称和相关上下文。目前，半监督NER在某些类型数据上已经取得了与监督学习方法可比拟的效果。

M. Collins和Singer提出了一种基于协同训练（Co-training）的方法来解决命名实体识别问题。该方法旨在学习两套不同的实体识别规则在学习过程中，每一类规则为另一类规则的学习提供弱监督。该算法中的分类规则包括两种：拼写规则和上下文规则，

## 2.5.3　基于深度学习的NER方法

近年来，深度神经网络被广泛应用于各类自然语言处理任务，并取得了巨大的成功。基于深度学习的方法通常将NER问题建模为序列标注问题。相比于基于传统机器学习的NER模型，基于深度学习的NER方法无须人工制定规则或者烦琐的特征，易于从输入提取隐含的语义信息，灵活且便于迁移到新的领域或其他语言。在NER任务中，常用的深度神经网络有循环神经网络（RNN）和卷积神经网络（CNN），其中CNN主要用于向量特征学习，RNN则可以同时用于向量特征学习和序列标注。RNN中的长短期记忆网络（LSTM）目前已被广泛地应用在NER任务中。

一个典型的基于深度学习的NER主要包含输入的分布式表示（Distributed Representation）、上下文编码器（Context Encoder）和标签解码器（Tag Decoder）三个模块，是一个典型的编码器-解码器（Encoder-Decoder）框架。

目前，BiLSTM-CRF是基于深度学习的NER方法中最常见的架构，在效果方面，BiLSTM-CRF已经在CoNLL03、OntoNotes5.0等数据集上超过了传统的基于丰富的人工定义特征的CRF模型。深度学习方法具有端到端解决问题方面的优势，避免了繁复的特征工程，仅使用文本中的字/词向量作为输入就可以达到很好的效果。

### 2.5.3.1 输入的分布式表示

深度学习模型无法直接接收符号化文本作为输入，而只能接收数值向量。因此，基于深度学习的NER方法首先需要将输入的句子表示成一组向量。

（1）词向量。词是句子的基本组成单位。为了将句子表示成一组向量，一个简单的思路是将句子中的每个词表示成一组向量，再通过特征融合得到整个句子的向量表示。词向量往往通过无监督算法，如词袋模型（CBOW）和Skip-Gram模型等，并经过大量文本的预训练得到。在NER模型训练期间，可以使用预先训练的词向量作为初始输入，经过微调（Fine-tuning）得到任务相关的词向量表示。常用的预训练词向量的工具包括Google Word2Vec、Stanford GloVe、Facebook fastText和中文的Tencent AI Lab Embedding Corpus。

（2）字向量。除了词向量外，另一种思路是将词中的每个字用向量表示，这样可以得到词向量难以表示的一些信息，如词中的前缀和后缀等字符信息。而且，字符级的向量能够很自然地处理词典外的词汇。比如，对于词典外的词语"和田河"，其词向量可以通过"和""田""河"三个字的字向量进行更合理的表示，而不是使用一个默认值。通常使用CNN和RNN等模型提取字向量。字向量是词向量的重要补充，其在中文这一类表意文字上的应用中往往能取得较好的效果。

（3）混合表示。除了词级和字符级表示外，一些研究还将其他信息（例如，是否出现在词典的列表中）纳入词的最终表示。换言之，基于深度神经网络模型习得的向量表示可以与传统特征工程得到的向量表示组合，以融合更多的额外信息，从而提高模型的准确率。但这一做法也有可能降低泛化能力。

### 2.5.3.2 上下文编码器

基于深度学习的NER方法的第二个阶段是从输入表示中学习上下文编码器。上下文编码器有两种常用的模型结构：卷积神经网络（CNN）和循环神经网络（RNN）。

（1）卷积神经网络

卷积神经网络能够有效提取输入数据的局部特征。基于CNN的编码器一般以整个句子作为输入，一般使用一维卷积对句子进行特征提取。在输入表示学习阶段，已经将句子中的每个单词表达为向量，通常还会考虑单词在句子中的相对位置特征以增强单词的表示。CNN首先使用一层卷积神经网络结构，在每个单词的周围提取局部特征，卷积窗口的大小决定了最大能够学习的单词或单词片段的长度；然后，进一步通过组合由卷积层提取的局部特征向量来构造全局特征向量。

（2）循环神经网络

循环神经网络的特点是，考虑了句子中前后字符之间的相互影响。循环神经网络及其变体[如门控循环单元（GRU）和长短期记忆网络（LSTM）]在序列数据建模方面都取得了显著成效。特别是双向循环神经网络（Bi-RNN）能从两个方向（正向和逆向）来处理一个句子，能够捕捉被单向RNN所忽略的模式。这种方式已经普遍应用于自然语言处理。

### 2.5.3.3　标签解码器

标签解码器将经过编码的上下文表示作为输入并产生对应于输入句子的标签。下面将分别介绍标签解码器的三种架构：全连接层+Softmax、条件随机场和循环神经网络。

（1）全连接层+Softmax

一些早期的NER模型使用"全连接层+Softmax"作为标签解码器。全连接层接收每个单词中间层向量表示，产生标签分值向量$Y$=（$y_1$，$y_2$，…，$y_i$，…）作为输出。$Y$向量被输送到Softmax层，产生最终的标签概率分布。在一些情况下，NER任务的概念集合中的概念并不互斥，此时NER问题变为多标签分类问题，需要把Softmax改为Sigmoid函数，以兼容输出多个概念标签的情况。

在序列标注问题中，当前的预测标签不仅与当前的输入特征相关，还与前序输出的标签相关。比如，在正确的标签序列中，标签I-PER的前面应该是B-PER或I-PER。全连接层+Softmax作为标签解码器，将序列标注问题视作一个分类问题，独立地预测每个单词的标签，这可能会得到错误的预测结果，比如，产生标签I-PER前出现标签O的序列。因此，需要发展考虑标签之间关系的解码器。接下来介绍的CRF可以解决这个问题。

（2）条件随机场（CRF）

CRF是一类能够充分考虑输出标签之间关系的序列标注模型，其作为标签解码器已被广泛用于基于深度学习的NER模型，在NER问题上表现出了十分优异的性能。CRF可以有效建模最终预测标签之间的约束关系，从而提高预测准确率。

在训练过程中，CRF可以自动从训练数据集中学习这些约束。比如，一个命名实体的第一个标签应以"B-"而非"I-"开头，换句话说，有效模式应为"O B-label"，而"O I-label"序列在CRF中的分数会非常低。

（3）循环神经网络（RNN）

RNN也可用于解码，当将编码层的向量映射为标签序列，且实体类型的数量很大时，相比于其他的解码器，RNN解码器可以训练得更快。

### 2.5.4 近期的一些方法

#### 2.5.4.1 注意力机制

NER模型将输入句子编码成一个固定长度的向量表示，对于长度较短的输入句子而言，该模型能够学到合理的向量表示。然而当输入句子非常长时，输入的表示学习就很困难。但对实际任务而言，对结果有显著影响的往往只是输入句子中的部分数据。因此，人们引入注意力机制（Attention Mechanism）来解决这一问题。注意力机制使得神经网络能够专注于其输入的特定子集，捕获输入中对于NER任务而言最有效的元素。

注意力机制可以直接作用于NER任务的输入句子。此时，注意力机制被用于寻找输入句子中那些被认为对任务相对重要的字（词）。它使用一个隐藏层和Softmax函数来计算输入句子中每个字（词）的"重要"程度，通常用概率进行表达。由于这种方式中的输入句子和输出句子实际上是同一个序列，所以又叫作自注意力机制（Self-attention）。引入注意力机制能有效提升很多任务的性能。

#### 2.5.4.2 迁移学习

深度学习方法一般需要大量的标注数据，但是在一些领域并没有大规模的标注数据。如何使用少量标注数据建立有效的深度NER模型，这也是近期研究的重点。迁移学习（Transfer Learning）旨在将从源域（通常样本丰富）学到的知识迁移到目标域（通常样本稀缺）上执行机器学习任务。最近，有一些研究工作基于深度神经网络模型的跨领域迁移以缓解NER任务中的样本稀缺问题。

在迁移学习中，源任务和目标任务通常通过共享深度神经网络参数和特征表示实现知识迁移，利用神经网络的通用性来提高目标任务的性能。比如，对于两个具有相同标签集的任务，可以共享其解码器。这能够在一定程度上缓解目标领域样本稀缺所带来的困难。

# 第3章 关系抽取技术基础

## 3.1 概述

信息抽取（Information Extraction，IE）旨在从非结构化或半结构化文本中抽取出结构化数据。关系抽取是信息抽取最重要的子任务之一，也是构建知识图谱时最重要的子任务之一，因为关系抽取（Relation Extraction）的结果是关系实例，构成了知识图谱中的边。一般而言，关系抽取产生的结果为三元组<主体（Subject），谓词（Predicate），客体（Object）>，表示主体和客体之间存在谓词所表达的关系。例如，<柏拉图，老师，苏格拉底>表示柏拉图的老师是苏格拉底。

除了从文本或半结构化数据中抽取关系，还有一些其他方法也可以获取关系实例，其中最直接的方法是人工输入。显然，完全靠人工输入代价极大，很难获取大规模的关系实例。因此，人工输入一般仅限于对关系实例进行少量的增补与修改。人工做法的延伸是众包构建，也就是通过众包平台将关系抽取的任务分发给众包工人。另一类常见的关系抽取途径是，从关系型数据库中通过转换规则获取关系实例。比如，哲学家表通常包含姓名与出生地字段，那么对于每一个元组，其姓名字段与出生地字段构成类似<柏拉图，出生地，希腊>这样的三元组。事实上，不限于关系型数据库，任何由良好模式（Schema）定义的结构化数据（比如XML数据库、JSON格式的文件）都可以通过人工定义相应的映射规则来完成自动转换。基于结构化数据转换的方法的局限在于，结构化数据规模有限，这类方法无法获取更广泛存在的非结构化数据（特别是文本数据）中蕴含的关系实例。

关系抽取旨在从无结构的文本中抽取实体以及实体之间的关系。由于文本数据广泛存在，关系抽取能够获得大量的关系实例。例如，从句子"柏拉图与老师苏格拉底、学生亚里士多德并称希腊三贤"中可获取<柏拉图，老师，苏格拉底>和<柏拉图，学生，亚里士多德>。需要指出的是，一些实体对之间可能存在多种语义关系，例如<苹果公司，乔布斯>之间的语义关系可能是"创始人"关系也可能是"CEO"关系。因此，不排除为同一实体对抽取多个关系实例的情形，比如<苹果公司，创始人，乔布斯>和<苹果公司，CEO，乔布斯>。

关系抽取的应用十分广泛，是很多复杂自然语言处理任务的基础，其最重要的应用是构建知识图谱。除此之外，关系抽取的结果还可以应用于下游应用任务，如文本理解、问答系统和聊天机器人等。比如，在文本理解中，为了理解一段复杂的长文本，识别文本所提及的实体对之间的关系是至关重要的。在面向文本的问答系统中，关系抽取所得到的关系实例可以作为背景知识支撑问题的回答。

### 3.1.1　关系抽取的问题和方法分类

关系抽取的问题定义是，给定句子S，从S中抽取其包含的所有三元组<主体，谓词，客体>。由于可以先行找到或枚举三元组中的某些部分，例如，使用命名实体识别（NER）算法可以找到句子中包含的实体作为主体或客体，从而只需要使用句子信息填充三元组的其他缺失部分。这引出了关系抽取的多种子问题，这些子问题基本上可以分为两大类：一类是关系实例抽取，也就是给定关系获取关系实例（主体与客体对）；另一类是给定实体对获取相应的关系，按照关系是否符合预定义系规范化描述，这一类问题又可以细分为关系分类和开放关系抽取。

关系实例抽取：给定目标关系，从语料中抽取相应的实例。比如，给定夫妻关系，从语料中挖掘和发现互为夫妻关系的实体对。

关系分类（Relation Classification）：根据实体对的文本描述，将实体对的关系进行归类（通常需要预定义关系类型）。关系类别通常存在一定的开放性，很难穷举所有的可能关系，因此通常需要引入未知（Unknown）类，以处理无法归到已知类别的情形。为了从大规模语料中获取关系实例，使用关系分类模型之前，往往需要枚举语料中提及的所有可能实体对。

开放关系抽取：有时也被称为开放信息抽取（Open Information Extraction，OpenIE）。能够预定义的关系总是有限的，语料中总会出现大量的未定义的关系描述，这种情形在开放域中尤为明显。为了充分利用开放域中的大规模语料，以得到更多的关系实例，研究人员提出了OpenIE，旨在从开放域（Open Domain）文本中抽取三元组实例。OpenIE侧重于从文本中抽取出关系的文本描述，其所指代的关系可以是未定义的，也可以进一步映射到已定义的关系。例如，从"柏拉图出生于雅典"可以抽取出<柏拉图，"出生于"，雅典>，"出生于"可以映射到知识库中的出生地关系。文本"恩格斯称亚里上多德是古代的黑格尔"表达了亚里士多德与黑格尔两者之间关系，但这种关系<亚里士多德，"是古代的"，黑格尔>很难映射到常见的人物关系（可以勉强定义人物之间的"类比"关系，但显然很不典型）。

除了上述基本任务，实际应用还衍生出一些相关任务。比如，给定实体列表，通常需要为这些实体获取大量的三元组。为此，需要首先获取实体的适用谓词（属性或者关系）。比如，对于还健在的人物，逝世日期就是一个不适用的属性；对于一本书，配偶关系就不适用。实体的谓词列表通常可以从其所属类别继承而来，也可以从同类实体借鉴得到。然后，对于特定实体及其适用谓词（属性或关系），从语料中抽取客体或相应取值。

在实际的关系抽取中，往往需要组合上述问题的相应模型进行综合抽取。比如，在关系抽取之前，通常需要先从语料中识别出实体对。考虑到实体识别与关系抽取是相互影响的，也有很多工作将实体识别与关系抽取联合建模进行求解。

针对上述问题，研究人员提出了各种方法。一些方法侧重于解决上述的某个特定问题，一些方法可以同时解决上述的多个问题。这些方法主要分为以下几类。

基于模式或规则的抽取方法：将模式或者规则与文本进行匹配，进而识别出文本所提及的三元组的主体、客体或谓词。例如，给定"出生时间"的模式"X出生于Y"（X代表人物实体，Y代表时间），可以用于匹配相应文本并抽取"出生时间"关系的实例。通常，模式和规则需要由人工定义，也可以从语料中自动学习获得。

基于序列标注的监督学习方法：基于序列标注的关系抽取模型接收一段文本作为输入，然后输出文本中每个词是否是某个关系对应实体的标注结果。这类方法通常采用监督学习模型，深度神经网络模型是当前流行的模型。

基于文本分类的监督学习方法：这类方法主要针对的是关系分类问题。基于预先给定的关系集合，将每个关系视为一个类别。该问题的输入是包含实体对的句子，输出是实体对的关系标签。可以利用文本分类算法来进行关系抽取。

## 3.1.2 关系抽取常用数据集

英文关系抽取任务目前有多个常用的评估数据集，最常使用的包括ACE 2005数据集、SemEval-2010 Task 8数据集。ACE 2005数据集包含与新闻和电子邮件相关的599个文档和7个主要类型的关系，其中每个关系平均有700个实例。SemEval-2010 Task 8数据集是Hendrickx等人提供的一个免费的人工构造的数据集。该数据集包含1万多个句子。人工构造的评测数据集通常质量较高，但规模较小。

为了克服人工构造的评测数据集的规模瓶颈，Mintz等人提出远程监督思想，用于自动构造关系抽取的数据集。基于远程监督思想构造的数据集包括NYT和KBP数据集。NYT数据集通过对齐Freebase知识库和《纽约时报》语料库构建而得。作者使用Stanford NER工具将文本语料库中的实体指代（Mention）与Freebase中的实体对齐，以避免重名所带来的噪声。NYT数据集包括53种具体的关系和1种NA关系（Not Applicable，也就是预定义关系之外的关系）。训练数据集包括522 611个句子、281 270个实体对和18 252个关系事实。测试集包括172 448个句子、96 678个实体对和1 950个关系事实。

NYT数据集是目前学术研究中被广泛采用的评测数据集，但该数据集仍有以下一些问题，这些问题给模型学习带来了巨大的挑战。

（1）包含噪声。由于该数据集是基于知识库自动构建的，因此知识库的缺失和错误会在一定程度上体现在该数据集中。例如，假定关系集合同时包含关系"出生于"和"国籍"，但在标注集中实体对<特朗普，美国>仅被标注为"国籍"关系。即便抽取模型准确抽取出<特朗普，出生于，美国>，也会被标注集判定为错误。

（2）有效标注的样本规模有限。在NYT数据集中，超过90%的样本被标注为NA关系，即该句子包含的实体对没有预定义的语义关系。

（3）类别不平衡。在NYT数据集中，只有少部分常见的关系存在大量标注样本，而剩余的其他关系都只有少量标注样本。

### 3.1.3 关系抽取评估方法

基于监督学习的关系抽取任务有两种常用的评估方式：自动评估，即基于"留出法"的评估（Held-out Evaluation），以及人工评估（Human Evaluation）。自动评估通过比较模型（包括关系分类模型和序列标注模型等）在测试集中所抽取出的实体对关系与真实的标注关系，得到抽取模型的性能指标。

关系抽取评估的常见度量指标包括精确率（Precision）、准确率（Accuracy）。召回率（Recall）和F1值等。接下来以关系分类为例，介绍这些指标的计算方法。

假定待分类的关系集合为R，测试集中的样本（实体对）数量为N。每个实体对之间可能存在多条关系。可以将实体对与其中一条正确的关系当作正例，实体对与任一错误的关系当作负例。因此，一个多关系分类模型可以当作每个关系分类上的二元判定模型。每个样本是形如<s, $r_i$, o, b={0, 1}>的四元组，表示主体s与客体o是（即b=1）否（即b=0）具有关系标签$r_i$。将标记为正类且被模型预测为正类的样本数量记作TP（True Positive），标记为负类但被模型预测为正类的样本数量记作FP（False Positive），标记为正类但被模型预测为负类的样本数量记作TN（True Negative），标记为负类且被模型预测为负类的样本数量记作FN（False Negative）。

准确率（Accuracy)定义了模型预测结果与标注集的一致程度：精确率（Precision）度量了模型预测为正类的样本中的准确率；召回率（Recall）度量了模型能将多少比例的正类样本准确预测为正类。

一般而言，精确率和召回率相互冲突（即其中一个值增大往往导致另一个值减小），因此单纯考察其中任一指标都是不全面的，必须对不同参数下的多组精确率-召回率对进行全面考察，从而综合评估模型。F1值就是一种融合了精确率和召回率的综合指标。此外，还可以通过绘制Precision-Recall曲线（PR曲线，描绘了不同参数下的精确率和召回率）来评估模型的性能。

自动评估通常依赖于自动构建的测试集。自动构建的测试集规模巨大，但是质量难以保证，往往会带来评估偏差。因此，一般还需要在自动评估外进行人工评估，人工评估是指对模型预测得到的事实进标人工打分，显然人工评估的代价较大，因此评估规模有限。人工评估经常依赖多人打分并进行融合，以消除个人评估的主观性。最常见的融合机制是众数投票（Majority Voting），也就是选择大部分人认可的答案作为最终答案。此外，为了公平起见，许多评估过程也可以将人工评估定义为众包任务交给众包平台（如Amazon's Mechanical Turk Service等）。

# 3.2 基于模式的抽取

基于模式的关系抽取通过定义关系在文本中表达的字符、语法或者语义模式，将模式与文式的匹配作为主要手段，来实现关系实例的获取。对于已知关系，依据其在文本中的表达方式构造相关模式，这样就可以进一步地通过模式匹配抽取出关系实例，从而实现关系抽取。关系抽取所使用的模式按照复杂程度或表达能力分为以下几类：基于字符的模式、基于语法的模式和基于语义的模式。

## 3.2.1 基于字符模式的抽取

最直接的方式是将自然语言视作字符序列，构造字符模式，实现抽取。表达特定关系的字符模式通常被表示为一组正则表达式，随后通过对输入的文本进行匹配，即可实现关系抽取。这类方法需要为每个待抽取的关系构造相应的正则表达式。

## 3.2.2 基于语法模式的抽取

通过引入文本所包含的语法信息（包括词法和句法等）来描述抽取模式，可以显著增强模式的表达能力，进而提升抽取模式的准确率和召回率。表3-1给出了几类常见关系的语法模式，这些模式通过引入词性标签增强对模式的描述。

表3-1为面向关系抽取的语法模式。这些模式规定了待匹配文本应包含的字符以及相应的词性标签（NP、ADJP、VV）

表3-1 面向关系抽取的语法模式

| 关系 | 模式 |
|---|---|
| 上位词-下位词 | （NP、）*NP等NP<br>NP（包含\|含有例如\|有）（NP、）*NP（等） |
| 企业-主营业务 | NP（是一家\|是一位\|是一所\|是）VV NP的企业 |
| 作品-作者 | NP著有（NP、）* |
| 人物-职业 | NP（是\|是一位）ADJP（NP、）*NP |

以抽取"作者"关系为例，"NP著有NP"这一模式约定包含"著有"且其前后都是NP（名词短语）的句子是该模式的一个实例。因此，句子"柏拉图著有《形而上学》"匹配这一模式。模式不仅可以指定匹配的文本实例，还可以进一步约定抽取规则。比如，"$NP_1$著有$NP_2$"→<$NP_1$，作者，$NP_2$>，这一规则约定在匹配规则左边模式的句子中，名词短语$NP_1$是作者，$NP_2$是其作品。

相比于单纯的字符模式，语法模式表达能力更强，同时仍能保证模式匹配的正确性。语法模式仅仅依赖人类的语法知识，大部分人都可以轻易构造此类模式，因此语法模式的获取代价相对较低。语法模式也普遍存在于各类语言中，适用于各种不同类型的文本。

### 3.2.3 基于语义模式的抽取

语法模式通过引入词性标签等信息增强了描述能力，但是语法模式仍然是一种相对粗糙的描述，在抽取过程中仍容易引入错误。例如，为了抽取战争的胜负关系可以定义形如"NP战胜NP"的语法模式，但是这一模式显然也能匹配"小明战胜了自己"以及"中国足球队战胜了泰国队"（比赛胜负关系）的文本描述，从而可能会抽取出错误的关系实例。因此，需要进一步增强对模式的描述。

优化语法模式的一种重要手段就是引入语义元素（如概念）。近年来，大量的知识图谱与知识库，特别是WordNet以及Probase等概念图谱，逐渐完善成熟。这些知识图谱和知识库提供了丰富的概念以及概念的实例，这使得将概念引入模式的描述中且定义基于概念约束的模式成为可能。

概念的引入可以更精准地表达模式适配的范围，从而增强模式的描述能力。语义模式所匹配的实例发生语义漂移的可能性因此而大大降低，提高了抽取准确率。比如，战争的胜负关系模式"$国家战胜$国家"约定不仅要匹配文本"战胜"，"战胜"前后的短语也必须是国家，因此"小明战胜了自己"等错误匹配将被筛除，从而避免了错误的抽取。

基于概念的语义模式描述精细，可以实现高精度抽取。但是基于概念的语义模式依赖较完善的概念图谱，而且专家定义这类模式的代价仍然较大，因此也可以考虑自动学习得到这类语义模式，从而降低构造模式的代价。近年来，随着概念图谱的应用日益广泛，语义模式在实际应用中也越来越重要。

### 3.2.4 自动化模式获取：自举法

前面所述的模式都来源于专家定义。专家定义的模式质量精良、抽取准确率高，但是人力成本高昂，因此难以覆盖相应关系在文本表达中的全部模式，这导致了相对较低的召回率。为了降低人工模式定义的成本以及提升召回率，在实际应用中，往往通过自动化方法生成和选择高质量的模式。

自动化模式获取通常通过自举法（Bootstrapping）算法框架来实现。考虑某个特定类型的关系实例的获取任务，自举法的基本思想为：为该关系类型标注少量初始种子实体对，找到实体对在文本语料库中所出现的句子集合，基于这些句子提取表达关系的模式（模式提取），然后使用新发现的模式去语料中抽取新的实体对（实例抽取）。上述模式提取+实例抽取的过程循环迭代，直至不再发现新的关系实例。这个过程也被称为"滚雪球"（Snowball）。

这里给出了一个基于自举法关系抽取的运行实例。给定关系"出生于"和两个种子实体对<柏拉图,雅典>和<苏格拉底,雅典>,可以从语料中抽取出句子集合{"柏拉图,出生于雅典","柏拉图在雅典……","苏格拉底小时候在雅典……"}。基于这些句子可以得到关系"出生于"的描述模式{"NP出生于NP","NP在NP","NP小时候在NP"}。这些模式可以在大规模语料中匹配更多的句子,如"亚里士多德,出生于斯塔基拉,该城市位于……",然后可以进一步地从此句中抽取<亚里士多德,斯塔基拉>。这一新实体对又可以召回新文本,从新文本中进而可以发现新模式,比如"NP在NP游学"。这类新模式经过筛选和评估之后,在后续迭代中用于发现更多的实例。持续迭代下去,最终实现对"出生于"关系实体对的抽取。

基于自举法的关系抽取得到了广泛研究,代表性的工作成果包括DIPRE系统、Snowball系统以及KnowItAll系统等。自举法的一个重要研究问题是质量控制。一方面,模式有可能发生语义漂移,导致抽取错误。另一方面,这类系统多着眼于提升抽取的召回率,因此倾向于使用来自互联网的海量语料作为抽取来源,而互联网语料中的噪声为抽取的质量控制带来了困难。此外,多数系统都需要额外的NLP工具,这可能导致工具引入的错误被传播到后续的知识抽取环节,从而造成错误累积。总体而言,这些系统各有优缺点,基于自举法的抽取仍有很大的改进空间。

## 3.2.5 基于模式抽取的质量评估

基于自举法的关系抽取其主要问题在于,在迭代过程中易出现语义漂移,即用错误的实体对和关系模式进行迭代。以"出生于"关系抽取为例,假定种子实体对为(柏拉图,雅典),提及这一实体对的句子为"柏拉图在古雅典游学,受到广泛的欢迎",从而抽取出新模式"NP在NP游学",但这个新模式很容易抽取出非"出生于"关系的实例。因此,该类方法的核心在于对每一轮抽取得到的实体对和关系模式进行准确评估,以尽可能避免错误(实例错误或者模式错误)在后续迭代过程中积累与放大。在典型的基于模式的抽取系统中,抽取结果的质量通常可以从两个角度进行判定:实例与模式的匹配程度,以及模式本身的置信度。

在实际应用过程中,通过将模式与抽取实例的上下文进行匹配,就可以实现对实例的抽取。考虑到真实应用中的大部分实例上下文很难完全匹配模式,在衡量匹配程度的过程中,常常使用模糊匹配。模糊匹配可以通过计算Jaccard相似度、编辑距离、加权匹配等分数来实现,这些分数通常用作模式与文本匹配程度的度量。由此,可以得到实例(r)与模式(p)的匹配程度Match(r, p)。

# 3.3 基于学习的抽取

基于学习的关系抽取主要分为:基于监督学习的关系抽取、基于弱监督学习的关系抽取和基于远程监督学习的关系抽取。基于监督学习的关系抽取适用于存在大规模标注数据的情形。一般而言，人工标注成本极高，因此很难扩展到大规模关系抽取任务中。为了克服这一瓶颈，研究人员提出了基于半监督学习和远程监督学习的关系抽取方法。半监督学习关系抽取只需要少量的标注数据，同时利用大量未标注样本实现关系抽取。远程监督学习关系抽取本质上是一种快速构建训练集的弱监督学习方法。

值得注意的是，从模型角度而言，无论是监督学习还是远程监督学习，都可以采用序列标注模型或者分类模型来实现。但序列标注模型更适用于实体识别与关系抽取的联合任务。通过对句子中的每个单词进行标注，从而识别出句子中的实体以及实体对之间的关系。

在给定实体位置的条件下，通常采用分类模型进行建模。因此，接下来主要介绍基于分类的关系抽取算法。

### 3.3.1 基于监督学习的关系抽取

基于监督学习的关系抽取基于标注样本来训练抽取模型。以关系分类为例，需要预先为每个关系类别标注足量的训练样本。传统的基于监督学习的关系抽取根据其所使用的分类模型可分为：基于核函数的方法、基于逻辑回归的方法、基于句法解析增强的方法和基于条件随机场的方法。具体来说，给定训练样本（包括实体对、包含实体对的句子以及相应的关系标签），先对句子进行预处理，如句法分析、词性分析，然后将预处理的结果直接输入分类模型（如核函数、逻辑回归模型等）来构建关系分类模型。

在基于监督学习的关系抽取中，核心问题是如何从标注样本中抽取有效的特征。大多数传统工作主要致力于句子特征的抽取，而分类器通常采用SVM、逻辑回归等经典分类模型。因此，本节将主要描述传统方法的常用特征。关系抽取的有效特征依赖于实体对上下文中的各种词法、句法、语义等信息。在部分相关工作中，通过引入背景知识来增强实体的表示，从而提高模型的性能。下面给出关系抽取模型中的常用特征。

#### 3.3.1.1 词汇特征

词汇特征主要指实体对之间或周围的特定词汇，这些背景词在语义上能够帮助判断实体对的关系类别。主要的词汇特征包括以下几个方面。

（1）两个实体之间的词袋信息。例如，给定包含实体对<柏拉图，亚里士多德>和句子"柏拉图和老师苏格拉底、学生亚里士多德并称希腊三贤"中的词袋信息为{和，老师，苏格拉底，学生}。

（2）上述词袋的词性标注。上例的词性标注为{CONJ，NP，NP，NP}。

（3）实体对在句子中出现的顺序信息。

（4）以左实体为中心开设的大小为比的窗口，其中所包含的词袋及其词性标注信息。在上例中，由于左实体"柏拉图"处于句子的最左端，因此该项特征为空。

（5）与（4）类似，但是左实体换成了右实体。例如，在上例中，右实体"亚里士多德"的窗口大小为3的词袋及其词性标注信息为{学生: NP, 亚里士多德: NP, 并称: Verb}。

### 3.3.1.2 句法特征

除了词汇特征，句法特征对于关系抽取也十分重要。在实际应用中，经句法解析所得的实体对之间的最短依赖路径被广泛使用。通过依存分析器，如MINIPAR或Stanford Parser等，可获得句子的句法解析结果。依存分析的结果包括词汇集合以及词汇之间的有向语法依赖关系。

### 3.3.1.3 语义特征

除了词汇特征和句法特征，实体类型等语义特征也十分重要。关系两边的类型通常被作为候选实体对的匹配约束。例如，给定关系"出生于"，其主体一定是"人"而其客体（宾语）则一定是"地点"。

## 3.3.2 基于远程监督学习的关系抽取

基于监督学习的关系抽取往往需要昂贵的人工标注数据，这在大规模关系抽取中很难实现。在2009年，Mintz等人首次提出将远程监督学习的思想用于关系抽取。远程监督学习属于弱监督学习的一种，即利用外部知识对目标任务实现间接监督。在信息抽取领域，Snow等人利用WordNet间接指导了上下位（isA）关系的实体对的抽取，这一工作是基于远程监督学习的关系抽取的雏形。远程监督学习也与生物信息学中使用弱标记数据的过程类似。

### 3.3.2.1 远程监督学习的基本过程

远程监督学习的基本假设是：给定一个三元组<s, r, o>，则任何包含实体对（s, o）的句子都在某种程度上描述了该实体对之间的关系。因此，可以将包含实体对的句子作为正例。通过比对大规模知识库中的三元组和海量文本，可以为目标关系自动标注大规模语料，进而采用基于监督学习的关系抽取实现关系抽取。远程监督学习为某个关系自动标注样本的过程如下。

步骤1：从知识库（如Freebase）中为目标关系识别尽可能多的实体对。

步骤2：对于每个实体对，利用实体链接从大规模文本中抽取提及该实体对的句子集合，并为每个句子标注相应的关系，

步骤3：包含实体对的句子集合和关系类型标签构成了关系抽取的数据集，即实体对的训练数据为相应的句子，标签为知识库中的关系类型。

下面通过一个实例来说明上述过程。假定需要为关系"出生地"抽取实例。许多知识库（如DBpedia、Freebase等）包含了大量含"出生地"关系的三元组，例如<柏拉图，出生地，雅典>。通过查找包含该三元组头尾实体（也就是<柏拉图，雅典>）的文本可以得到如下句子集合。

句子1：柏拉图是一位有影响力的希腊哲学家，公元前427年出生于希腊雅典。

句子2：雅典卡拉米克斯（陶器市场）旧城门遗址，这里埋葬着伟大的索伦和伯利克里，柏拉图学园也在此处，雅典的民主让柏拉图无限悲愤了。

句子3：公元前387年，柏拉图在雅典创办学园，收徒讲学，培养了包括亚里士多德等一大批学生。

句子4：柏拉图出生于雅典贵族家庭，母亲出身于名门望族。

基于远程监督学习假设，上面的四个句子都被自动打上了"出生地"的关系标签，这四句构成了表达<柏拉图，雅典>之间的"出生地"关系的句子集合（通常被称为句袋，Bag of Sentence）。也可以为"出生地"关系下的其他实体对获取相应的标注句子集合。为每类关系重复上述步骤，可以得到所有关系标签的标注数据。有了大规模的带关系标签的自然语言语句，就不难训练相应的关系分类或者序列标注模型了。

### 3.3.2.2 远程监督学习中的噪声问题

值得注意的是，基于远程监督学习构造自动训练集会引入很多噪声，即很多没有表达目标关系的句子会被错误地标注为该关系。例如，前面例子的句子2和句子3中虽然同时提及了柏拉图与雅典，但并不是在表达二者之间的"出生地"关系，也很难从文本中推断出这一关系，但它们都被自动打上了"出生地"的关系标签。此类错误标注会误导模型将不相关的语言模式关联到"出生地"关系，从而造成最终抽取结果错误。

如何降低噪声对模型的影响是远程监督学习的关系抽取的重要研究问题之一。解决这一问题的基本思路是，对标注数据进行甄别与筛选。在基于深度学习的模型框架下，常使用注意力机制对标注样本进行选择。此外，还可以采用额外的模型对样本进行质量评估，从而挑选出高质量的样本并用于构建关系抽取模型。例如，强化学习的思路来训练一个策略选择器去选择高质量的样本，其基本思想是：如果策略选择器选择的样本子集能使关系分类模型在训练集上取得较高的准确率，则认定该策略选择器是一个好的策略选择器。策略选择器和关系分类器通过迭代训练获得性能提升，具体步骤为：首先利用策略选择器选择样本，然后基于这些样本训练关系分类模型，将模型对这些样本预测的置信度作为策略的奖励分数，该分数将作为策略选择器的质量评估指标更新策略选择器，更新后的策略选择器用于选择新的样本进一步优化关系分类模型的训练，依此迭代，直至策略选择器样本选择不再变化。

### 3.3.3 基于深度学习的关系抽取

传统的关系分类模型需要耗费大量的人力去设计特征，很难适用于大规模的关系抽取任务。此外，很多隐性特征也难以显式定义。基于深度学习的关系抽取能够自动学习有效特征。基于深度学习的关系抽取的关键在于输入的有效表示与特征提取。本节将主要介绍基于循环神经网络和卷积神经网络的输入文本特征提取方法。此外，深度神经网络模型通常具有较多参数，因而需要大量有标注数据。远程监督学习恰好可以提供大规模标注数据，因此常与深度神经网络模型联合使用。但是远程监督学习标注的样本仍然存在噪声问题，因此需要有效的样本选择机制。为此，下面也会介绍较流行的基于注意力机制的样本选择方法。

#### 3.3.3.1 基于循环神经网络的关系抽取

循环神经网络（RNN）是一种常见的用于序列数据建模的模型。在这里，我们介绍一种使用RNN建模句子的关系抽取方法，它包括输入层（Input Layer）、双向循环层（Recurrent Layer）和池化层（Pooling Layer）。输入层旨在将输入句子的每个词变换为词向量。接下来将详细介绍后两层的结构。

（1）双向循环层。给定句中单词的向量表示，使用一个双向的RNN对句子进行建模。对于t时刻，RNN接收来自当前的词向量$e_t$和上一时刻（t-1时刻）的网络输出，即前向传播过程。

$$h_t^{fw} = \tan h(W_{fw}e_t + U_{fw}h_{t-1}^{fw} + b_{fw}) \tag{3-1}$$

其中，$h_t^{fw} \in R^M$是RNN在t时刻的输出，$W_{fw} \in R^{M \times D}$、$U_{fw} \in R^{M \times M}$、$b_{fw} \in R^M$是模型待学习的参数。公式（3-1）采用反正切函数tanh完成非线性映射。

单向RNN的潜在问题在于，当预测句子中间部分的语义时，不能充分利用未来单词的信息。为了更准确地捕捉句子的语义，一般采用双向RNN来学习句子的语义。与上面的前向传播相反，在t时刻，可以利用t之后的信息来更新当前的输出，即：

$$h_t^{bw} = \tan h(W_{bw}e_t + U_{bw}h_{t-1}^{bw} + b_{bw}) \tag{3-2}$$

其中，$h_t^{bw}$是反向RNN在当前位置的输出，$W_{bw} \in R^{M \times D}$、$U_{bw} \in R^{M \times M}$、$b_{bw} \in R^M$是模型待学习的参数。为了同时捕捉前向和后向序列的特征，可以将$h_t^{fw}$和$h_t^{bw}$合并，得到双向RNN在t时刻的输出，即

$$h_{t=}h_t^{bw} + h_t^{bw} \tag{3-3}$$

通过这种方式，得到了RNN每个时刻的输出$\{h_t, t=1, 2, \cdots, T\}$。其中，T为句子序列的长度。

（2）池化层。通过实验发现，对于关系抽取任务，不是所有的特征$\{h_t\}$都有正面作用。一个可能的原因是，训练句子通常是十分冗余和复杂的，往往只有极少一

部分特征对于关系抽取有作用。因此，我们希望采用池化操作从$\{h_t, t=1, 2, \cdots, T\}$中提取出最有用的特征。定义矩阵$H = [h_1, \cdots, h_T] \in R^{M \times T}$，则池化操作考虑在H的每一行提取出最大的元素，即

$$m_i = \max\{h_i\}, \forall i = 1, \ldots, M \qquad (3\text{-}4)$$

最终得到的池化结果为$m = [m_1, \cdots, m_M]^T \in R^M$。对于每一个训练句子，通过双向RNN获取其特征向量m。采用一个全连接层网络后接Softmax函数，即可得到每个关系的概率，即：

$$p(r_i|s; W_0, b_0) = \frac{\exp((W_0 m + b_0)_i)}{\sum_{k=1}^{n_r} \exp((W_0 m + b_0)_k)} \qquad (3\text{-}5)$$

其中，$n_r$为训练集中的关系数量，$W_0 \in R^{n_r \times M}$，$b_0 \in R^{n_r}$是分类器待学习的参数。假定该模型中所有参数的集合为$\theta$，则基于上述定义的分类器，基于双向RNN的目标函数为：

$$L(\theta) = \sum_{n \in N} -\log p(r^{(n)}, \theta) \qquad (3\text{-}6)$$

其中，上标n表示训练集中的第n个样本，$s^{(n)}$为第n个样本的句子，$r^{(n)}$为对应的关系标签。目标函数中的参数可以通过随机梯度下降等方法来学习。

### 3.3.3.2　基于卷积神经网络的关系抽取

卷积神经网络（Convolutional Neural Networks，CNN）在图像处理（如目标检测、图像识别与分类等）领域取得了极大的成功。近年来，卷积神经网络在自然语言语句建模与表示方面也涌现出不少成功案例。基于卷积神经网络的关系抽取的主要思想是：使用卷积神经网络对输入语句进行编码，基于编码结果并使用全连接层结合激活函数对实体对的关系进行分类。

### 3.3.3.3　基于注意力机制的关系抽取

基于远程监督学习构建的训练集通常有较大的噪声。因此，在使用深度神经网络模型时，需要对噪声予以特别处理。接下来介绍一种基于句子级别的注意力机制（Attention）的关系抽取方法。该方法的主要思路是：为实体对的每个句子赋予一个权重，权重越大表明该句子表达目标关系的程度越高，反之则越可能是噪声。

## 3.4　开放关系抽取

主流的关系抽取方法通常需要预定义关系类别，然后才能抽取满足给定关系类别的实体对。但是在现实世界中，关系的种类复杂多样，难以穷举。因此，研究人

员提出了开放关系抽取（也称开放信息抽取，即OpenIE）从自然语言文本中抽取出三元组形式的关系实例。其输入为自然语言语料，输出则是由文本表示的关系主体、关系短语与关系客体的三元组，形如<关系主体（arg1），关系短语（re1），关系客体（arg2）>。其中关系主体和关系客体通常为对应实体的名词短语。相比于其他的抽取方法，OpenIE抽取出的关系不限于预定义的关系类型，而是文本中可能出现的所有关系实例。例如，给定句子"周华健演唱的《刀剑如梦》是一首非常好听的歌"，OpenIE会抽取出三元组<周华健，演唱，刀剑如梦>和<刀剑如梦，是，一首非常好听的歌>。因此，OpenIE本质上可以理解为一种基于浅层语法分析的文本结构化任务。

OpeniE的概念是由华盛顿大学的图灵中心提出的。他们的成果包括TextRunner、ReVerb以及Ollie等多种有代表性的OpenIE系统。Banko等人在2007年构建TextRunner系统的同时，也提出了OpenIE需要满足的三个特点，这些特点也是后续设计OpenOE系统的主要依据。

（1）自动化（Automation）。OpenOE采用无监督学习的抽取策略，无须标注样本，也无须预先指定目标关系。此外，用于训练模型的人工定义的种子实例或自定义模式必须尽可能地少，以减少人工劳动。

（2）语料异质性（Corpus Heterogeneity）。OpenIE系统的输入是大量的非结构化文本，不同来源的文本聚合所形成的语料具有鲜明的异质性特点。语料异质性成为语言分析工具（如依存句法分析、语义分析）的主要障碍。一个好的OpenIE系统必须尽可能地克服语料异质性所带来的挑战。

（3）效率（Efficiency）。由于开放信息抽取通常运行在大规模文本上，OpenIE系统的计算必须足够高效。

从上述描述可以看出，提出OpenIE的初衷在于显著提升文本结构化的召回率。OpenIE通常是面向大规模互联网文本开展的结构化任务，它需要应对互联网文本语料所带来的大规模、开放性、异质性的挑战。OpenIE系统必须足够高效，无须监督，同时也允许结果相对粗糙（实体与关系描述非规范化），这样才能应对这些挑战。

### 3.4.1 TextRunner

TextRunner系统采取了一种自监督（Self-Supervised）的学习框架，包含三个核心模块：自动化语料标注与分类器学习、文本抽取以及三元组评分计算。

#### 3.4.1.1 自动化语料标注与分类器学习

系统首先从数据集中抽取一小部分句子作为启动数据。随后，使用依存路径分析得到这些启动数据中所有可能作为实体的名词短语，并对每个名词短语对通过依存句法树中的路径找到潜在的关系短语，从而得到可能的三元组。最终根据启发式规则（比如，单纯的代词不能够作为实体，实体间的依存路径不能过长，实体间的依存路径不能跨越子句），将这些三元组标记为正例或负例。最后，利用这些自动标注的样本，根据样本的词性标注以及名词短语划分等浅层特征，训练一个朴素贝叶斯分类器。

#### 3.4.1.2 文本抽取

首先基于较轻量化的语法分析手段，识别出文本中关系主体和关系客体所对应的名词短语，将文本中出现在两个名词短语之间的其他短语作为可能的候选关系。随后，使用在上一个模块中训练得到的分类器对这些三元组进行初步筛选，从而得到大量候选三元组。

#### 3.4.1.3 三元组评分

该模块首先会对候选三元组中语义相同的三元组进行合并。很多候选三元组往往仅在关系短语部分存在微小差别，因此而可以进行合并。比如，<林俊杰，演唱，江南>和<林俊杰，唱，江南>中"演唱"和"唱"可能表达的是相同的关系，因此可以进行合并。另一种情况是，候选三元组有相同的关系描述，但关系主体和关系客体略有不同。比如，<JJ Lin，演唱，江南>和<林俊杰，演唱，江南>中"JJ Lin"和"林俊杰"可能表达的是相同的含义，这时也需要进行合并。在对同义的三元组进行合并后，统计各个三元组在整个语料中以不同形式出现的频次，频次越大的三元组越有可能是正确的抽取，根据此思路计算各三元组的置信度评分，并最终选取得分较高的三元组作为最终抽取的结果。

### 3.4.2 ReVerb

TextRunner系统虽然有效地实现了开放关系抽取，但仍然存在一些问题。

抽取出的三元组的关系短语损失了细节信息。例如，从"Fantasy is an album by Jay Chou."句子中容易抽取出以"is"作为关系短语的三元组，却难以抽取完整的关系描述"is an album by"。

抽取出的三元组的关系有错误且不连贯。例如，从句子"他想起拿破仑出生于科西嘉"中抽取出错误的关系描述"想起……出生"，混杂了多条关系的信息。

为了解决这些问题，Fader等人在2011年提出了ReVerb系统。ReVerb通过引入基于词性的句法约束，对上述两类问题中出现的低质量关系短语进行过滤，以解决这两类问题。

ReVerb系统。在ReVerb系统中，首先通过句法分析等手段抽取出可能的关系短语，然后基于ReVerb系统的规则对关系短语进行限制，筛选满足规则的最长短语作为三元组中的关系短语。通过上述约束，类似于"is an album by"的满足句法约束（满足VW*P形式）的关系短语将被完整地抽取出来，而像"想起……出生"这样的包含了多个动词（不满足V|VP|VW*P形式）的关系短语则会被过滤掉。此外，为了避免抽取出太过具体的关系（比如从"President Trump is offering only minor concessions during the meeting."这句话中抽取出"is offering only minor concessions during the meeting"这样过于具体的关系），ReVerb系统也要求关系在全部候选关系中的实例数量大于给定阈值，即|args（Relation）|>k，通常k的取值被设定为20。显然，过于具体的关系描述不可能有太多匹配的实例，从而可以被筛除。

ReVerb系统在实现了对低质量三元组谓词的过滤的同时，也实现了对较具体的关系短语的支持。确定高质量关系短语后再进行抽取的思路使ReVerb系统在准确率和召回率上均有较大的进步。

### 3.4.3 Ollie

虽然ReVerb系统提升了关系短语的质量，但也带来了较多的局限性。首先，ReVerb系统难以处理不包含动词的关系短语。例如，在"Microsoft co-fbunder Bill Gates spoke at…"中，包含有<Bill Gates，be co-founder of，Microsoft>这一关系，而"co-founder"并非动词。其次，ReVerb系统无法识别需要满足前提条件的关系。例如，古人以为地球是宇宙的中心中，<地球，是中心，宇宙>这一三元组只在古人的观念里才成立。

为此，研究人员提出了Ollie系统方法，其本质是基于依存解析路径（Dependency Parse Paths）的自举法学习。Ollie系统利用依存树的信息来定位三元组的前提条件，从而识别需要前提条件的三元组。同时，基于自举法，它使用ReVerb系统得到的高质量种子三元组在语料中进行迭代，找出不包含动词的关系模式，实现对不含动词的关系短语的抽取。

为实现上述思路，Ollie系统引入了一种新的包含依存路径的模式，如"{arg1}↑nsubj↑{rel: postag=VBD}↓dobj↓{arg2}"它表示关系主体arg1为关系短语的名词主语（nsubj），关系短语re1本身为被动形式的动词（postag=VBD），而关系客体arg2为关系短语的直接宾语（dobj）。但凡匹配这一模式的文本即可抽取出形如<arg1，re1，arg2>的三元组。这类模式拓展了关系短语的句法范围，增加了对不包含动词的关系短语（如"be co-founder of"）的支持，克服了ReVerb系统无法抽取不含动词的关系的缺陷。

总的来说，Ollie系统首先利用自举法从语料库中挖掘出更多与ReVerb系统的种子模式同义的新模式（如不包含动词的关系短语的模式）。在抽取的过程中，通过使用这些学习出来的模式对文本进行匹配，并利用其上下文及依存树进行分析并筛选（处理需要条件的三元组），这样就能够最终得到新的关系三元组。

# 第4章 概念图谱构建技术

## 4.1 概述

让计算机"像人一样思考"是人工智能的重要目标之一。所谓"像人一样思考"，或者说类人思维，有着极丰富的内涵。其中概念认知是人类思维的基础，是构建人类心灵世界的基石。所谓机器的概念认知，从计算机信息处理的角度来说，是对某个形态的数据输入产生符号化概念输出的过程。比如，对于"猫"一词，我们能产生"宠物"这一概念。这里言及的"概念"即是符号形式的概念。显然，这一能力似乎只有人类具备。

概念认知的重要性体现在以下几个方面。

（1）人类能"理解"事物的重要体现之一就是产生概念。虽然人类的"理解"一直以来缺乏严格定义，但是从"柏拉图"联想到"哲学家"显然是人们"理解""柏拉图"的重要体现之一。

（2）概念是人类能将万事万物准确归类的前提。将事物准确归类（又称为范畴化）是人类认知世界的前提，没有概念（或类别、范畴），人类就无法归类事物。

（3）概念的发展使得人类以最经济、最有效的方式认知世界。人类能够轻松地识别各种汽车，即便从未见过的汽车也不会识别错误。我们显然不可能记住所有汽车的具体细节，这种强大的认知能力得益于概念层级的对象识别。概念使我们只需记住一类事物的根本特征，而无须纠缠于每个对象的特质，这是人类认知经济性的一种重要体现。

（4）概念是联想的重要隐含因素。比如，说到"鸡"，你可能会联想到"鸭"；说到"豆浆"，你可能会联想到"油条"。这些联想都取决于概念，鸡、鸭都是家禽，豆浆、油条都是常见的早餐食物。

（5）概念是归纳与推理的基础。比如，我们都知道如果x是一个哲学家，那么x有自己的哲学观点，基于这一推理规则，我们可以通过"柏拉图是哲学家"判断柏拉图一定有自己的哲学观点。概念在这一推理过程中扮演了十分重要的角色。

符号化概念的发展甚至可能是人类从动物实现智能跃迁而成为智人的革命性一步。正是概念的出现，使得抽象思维成为可能。因此，将概念知识以及相应的认知能力赋予机器，也必将是机器智能发展历程中的重要一步，是让机器形成认知的关键性基础工作。建设概念图谱就是为了让机器也能拥有人类的概念知识，进而形成概念认知能力。

概念图谱（Concept Graph）是一类专注于实体与概念之间的isA关系的知识图谱。从认知和语言两个角度，概念图谱可以分为概念层级体系（Taxonomy）以及词汇概念层级体系（Lexical Taxonomy）。

概念层级体系包含三种元素：实体、概念和isA关系，如在isA关系"apple isA fruit"中，apple是实体，fruit是概念。isA关系又可以细分为实体与概念之间的instanceOf关系以及概念之间的subclassOf关系。前者，如"dog isA animal"（狗是一种动物）表达的是实体与概念之间的关系；后者，如"fruit isA food"（水果是一种食物）表达的是概念之间的关系，其中水果是子概念，食物是父概念。任何实体或者概念总要通过语言表达，因此实际应用中通常使用词汇概念层级体系，其中的节点是没有经过消歧的词。词汇概念层级体系中的基本关系是词汇之间的上下位关系（Hypernymy-Hyponymy，上下位关系）。比如，"apple isA fruit"，apple是fruit的下位词（Hypernym），fruit是apple的上位词（Hyponym）。在词汇概念层级体系中，"apple"只是一个词语，在很多情况下并不严格区分其语义，因此apple同时具有"公司"和"水果"两个上位词。表4-1对比了这些术语之间的关系。

表4-1　概念层级体系与词汇概念层级体系的区别

| 概念图谱 | 图中的节点 | 边 | 结构 |
| --- | --- | --- | --- |
| 概念层级体系（Taxonomy），面向认知 | 概念与实体，如公司、动物 | 实体与概念之间的instanceOf关系：子概念与父概念之间的subclassOf关系。两类关系统称为isA关系 | 有严格的层级结构，有向无环图 |
| 词汇概念层级体系（Lexical Taxonomy），面向语言 | 自然语言描述的实体与概念，如"苹果"（可能指一种水果，也可能指一家公司） | 上下位关系（Hypernymy-Hyponymy） | 有粗略的层级结构，可能由于歧义而存在环 |

一般而言，概念层级体系是一个有向无环图（Directed Acyclic Graph，DAG），其中的isA关系都是由较具体的实体（或概念）指向较抽象的概念的。然而，在词汇概念层级体系中，由于自然语言中存在大量的歧义词汇，一个词可能同时具有具体的含义或者抽象的含义。例如，"word"本身是一个抽象的概念，但当它表示文字处理软件时，它指的又是一个具体的实体。在专家手工构建的经过语义消歧的词汇概念层级体系中，比如在WordNet中，每个节点都指代一个具体语义，不会产生问题。然而，在用自动化方法构建的大规模的词汇概念层级体系中，对于数千万的词汇进行准确的语义消歧则非常困难。因此，大规模的词汇概念层级体系（比如Probase）中的节点都是没有经过消歧的词。比如，Probase中的"apple"一词同时具有"公司"

和"水果"两个上位词。这就导致Probase可能存在环，比如word isA software（此处的word指微软的Word文字处理软件）和software isA word（这里的software指"软件"对应的英文单词）。因此，自动化构建的且未经过语义消歧的词汇概念层级体系往往只有粗略的层级结果，并非严格的DAG。

## 4.1.1 常见的概念图谱

在人工智能发展的早期，人们就已经意识到概念的重要性，并开展过一系列概念获取、概念知识库构建的工作。时至今日，我们已经有大量的概念图谱，并且它们在各种应用中发挥着积极的作用。大部分概念图谱是公开、可用的，这些概念图谱的对比见表4-2。

表4-2 公开的概念图谱的对比

| 概念图谱 | 作者 | 实体 | 概念 | isA关系数 | 准确度 | 权重 |
|---|---|---|---|---|---|---|
| WordNet（英文） | 普林斯顿认知科学实验室 | | 117659 | 84428 | 100% | 无 |
| WikiTaxonomy（英文） | 欧洲媒体实验室 | 121359 | 76808 | 105418 | 85% | 无 |
| Probase（英文） | 微软亚洲研究院 | 10390064 | 2653872 | 16285393 | 92% | 有 |
| 大词林（中文） | 哈尔滨工业大学 | 9000000 | 70000 | 10000000 | 90% | 无 |
| CN-Probase（中文） | 复旦大学 | 15066667 | 270025 | 32925306 | 95% | 无 |

### 4.1.1.1 WordNet

WordNet是普林斯顿认知科学实验室于1985年开始创建的英文词典，旨在从心理语言学角度建立英文词汇基本语义关系的实用模型。其目的在于通过概念来帮助用户获取语义知识。WordNet用单词的常见拼写来表示词形，用同义词词集（Synset）来表示词义。WordNet包含两种类型的关系：第一种是词汇关系，这种关系存在于词形之间；第二种是语义关系，这种关系存在于词义之间。WordNet利用词义而不是词形来组织词汇。同时，WordNet还包含同义（Synonymy）、反义（Antonymy）、上下位（Hypernymy-Hyponymy）和整体-部分（Whole-Part）关系等多种语义关系。

WordNet将所有英文词汇分成五类：名词、动词、形容词、副词和功能词。截至2018年，它包含大约155287个单词（117659个词义或同义词集）。

### 4.1.1.2 WikiTaxonomy

2008年，Ponzetto和Sfrube提出WikiTaxonomy概念图谱，其数据来源于2006年9月25日的维基百科数据快照，并将抽取出的isA知识以RDF形式表示。具体来说，WikiTaxonomy从127 325个类和267 707个链接中产生了105 418条isA关系，其F值达到了87.9%。

### 4.1.1.3　Probase

Probase是2012年微软亚洲研究院提出的研究原型，其目标为从网页数据和搜索记录数据中构造出一个统一的分类知识体系。Probase是从16亿个网页中用Hearst模式进行自动抽取构造而成的。例如，"NP such as NP"这一模式可以从"household pets such as cats"中抽取出"cats isA household pets"。Probase早期版本包含1600万条isA关系，准确度达到了92%，并且每条关系皆含有频数，表示该关系在语料中出现的次数，如表4-3所示。这些频数对于刻画实体或概念的典型性具有重要意义。Probase经过扩容后更名为Microsoft Concept Graph，现已包含超过500万个概念，1200多万个实例和8000多万条isA关系。

表4-3　Probase示例

| 实体 | isA | 概念 | 频数 |
|---|---|---|---|
| Google | isA | Company | 7816 |
| Basketball | isA | Sport | 6423 |
| Apple | isA | Fruit | 6315 |
| Microsoft | isA | Company | 6189 |

### 4.1.1.4　大词林

大词林州是哈尔滨工业大学社会计算与信息检索研究中心构建的中文概念图谱。大词林是基于弱监督框架自动构建而成的。大词林对每个实体分别从搜索引擎的结果、百科页面和实体名称的形态这三个数据源中获取上下位关系，然后通过排序模块对实体的上位词进行排序。

### 4.1.1.5　CN-Probase

CN-Probase是由复旦大学知识工场实验室研发并维护的大规模中文概念图谱，其isA关系的准确率在95%以上。与其他概念图谱相比，CN-Probase具有两个显著优点：第一，规模巨大，基本涵盖常见的中文实体和概念，包含约1700万个实体、27万个概念和近3300万条isA关系；第二，严格按照实体进行组织，有利于精准理解实体的概念。"刘德华"这个名字可能对应很多叫"刘德华"的人，在CN-Probase里搜索"刘德华"，会将所有匹配的实体按照典型性进行排序，排在第一的是众所周知的香港流行歌手"刘德华"。

刘德华（中国香港男演员、歌手、制片人、填词人）

刘德华（清华大学教授）

刘德华（原民航局空中交通管理局局长助理）

刘德华（山东钢铁集团有限公司财务总监）

刘德华（新疆青少年出版社出版的著作）

刘德华（湖北员郧西籍烈士）

刘德华（湖北监利籍烈士）

刘德华（四川省广安经济技术开发区税务局副局长）

刘德华（江西弋阳籍烈士）

刘德华（通川区学生资助中心主任）

## 4.1.2  概念图谱的应用

概念图谱对于机器认知智能的实现至关重要。这种重要性体现在一系列实际应用中，这些应用涉及概念图谱的简单查询以及相对复杂的推理。不管应用的形式如何，都可以归结为实例化和概念化这两个最基本的功能。

实例化（Instantialization）：根据给定的概念，列出这个概念下的一些典型实体，比如给出"Largest company"，返回"China Mobile""Google"等。

概念化（Conceptualization）：给出一个或一组实体，推断出这些实体所属的概念。比如给出"Brazil""India""China"，返回"BRI Ccountry"（金砖四国）、"Developing country"等概念。这里往往需要给出既能涵盖实例又相对具体的概念。比如，在本例中"Country"也是合适的概念，但没有前两个概念具体。

在实例化和概念化这两个基本功能的基础上，概念图谱演化出一系列具体应用。这些应用分为三大类。第一类是基于实例化的应用，包括实体搜索与样本增强。第二类是基于概念化的应用，包括文本分类、主题分析、语义表示、概念归纳、基于概念的解释等。第三类是综合使用了实例化和概念化的应用，主要包括实体推荐和规则挖掘。比如，在实体推荐任务中，需要先根据给定实体推断其概念，再利用概念推断合适的待推荐实体。

可见，概念图谱有着广泛的应用场景。上述应用的本质都是用概念作为实体、词汇或者其他对象的语义表示。不同于当前深度学习方法中常用的基于向量的隐式表示，基于概念的语义表示是一种显式表示。概念是符号，是人类可理解的，因此，基于概念图谱的语义表示具有可控、可解释等优点。这在一些场景下是非常有意义的。

本章接下来的内容将介绍如何从零开始构建一个实用概念图谱：首先从各种来源中抽取大量的isA关系组成基本图谱；之后利用各种信息进行推理，补全isA关系；最后对图谱进行清洗，利用图谱中的信息将可疑的isA关系清除。

# 4.2　isA关系抽取

知识图谱的规模和质量是构建知识图谱的重要因素，对于概念图谱也不例外。人工构建的概念图谱（如WordNet）质量精良，已经在很多领域得以应用并得到检验，但是人工构建的概念图谱规模有限。概念图谱对于实体和概念的覆盖率直接决定了其能否胜任自然语言中海量实体和概念的理解任务。另外，大规模文本中也蕴含着丰富的isA关系。因此，从大规模文本中自动抽取isA关系进而构建大规模概念图谱是可能的。如何确保自动化构建的大规模概念图谱的准确率？这是整个自动化构建中的核心命题。

isA关系的抽取是构建概念图谱的核心。isA关系抽取的方法分为三种：基于模式（Pattern）的方法、基于在线百科的方法以及基于词向量（Word Embedding）的方法。

基于词向量的方法将词汇表中的单词或短语映射到向量空间，基于向量运算发现上下位关系。研究人员发现词向量能够保持上下位关系，比如，"vec（虾）-vec（对虾）"约等于"vec（鱼）-vec（金鱼）"，其中vec（x）是x的词向量。因此，可以寻找合适的向量变换Φ，使得对于已观察到的任意一对"x isA y"都有Φx≈y。基于变换Φ，若要判断a是否具有上位词b，只需要判断Φa≈b即可。这类方法思路简单，但是由于向量化过程损失了知识图谱中原有的语义信息，因此直接使用向量推断isA关系的效果比较有限，准确率一般在80%左右。一般而言，需要在基于向量推断的基础上辅以其他证据，才能进行isA关系的准确推断，进而完成概念图谱的构建。

基于模式的方法从大规模语料中使用模式抽取isA关系，所得到的概念图谱往往规模较大。例如，Probase包含千万级别的实体和百万级别的概念，是规模较大的英文概念图谱。

基于在线百科的方法则利用高质量的在线百科对实体与概念之间的关系进行重构和组织，生成的概念图谱通常具有较高的精度。英文概念图谱YAGO和中文概念图谱CN-Probase都是基于在线百科的方法构建的，它们的准确率都在95%以上。

本节将主要介绍基于模式的方法和基于在线百科的方法，它们是目前在实际中使用较多的方法。

## 4.2.1　基于在线百科的方法

基于在线百科的方法主要是从百科网站的标签系统中抽取出概念之间的isA关

系。标签系统用于组织百科网站上的所有实体，为构建概念图谱提供了理想的数据来源。只需从标签系统中筛选出高质量的概念，并建立起概念之间的层级关系，就能将用户自发贡献的标签系统转换成有结构的概念层级体系。英文概念图谱WikiTaxonomy和YAGO都是基于这一思路构建而成的。以YAGO为例，其具体构建方法分为以下两步。

（1）概念标签识别。根据标签的功能，维基百科中的标签可分为概念型标签、主题型标签、属性型标签以及管理型标签。概念型标签用来描述实体所属的类型，如"American male film actors"。概念标签是概念图谱中的理想节点。主题型标签用来描述实体所属的主题，如"Chemistry"。属性型标签用于描述实体的相关属性信息，如"1979 births"。管理型标签主要用于管理维基百科词条，比如"Articles with unsourced statements"。属性型标签和管理型标签一般来说比较少，可以通过人工或设定简单规则来剔除。剩下的标签主要是概念型标签和主题型标签。YAGO使用了浅层语言分析来识别概念型标签，其基本思路为识别出标签名称中的中心词。如果这个中心词为复数（比如"American male film actors"中的"actors"），则认为该标签为概念型标签；如果中心词为单数（比如"Chemistry"），则认为该标签为主题型标签。

（2）概念层级体系构建。在识别出维基百科中的概念型标签后，YAGO提出了将这些概念型标签与WordNet知识图谱中的概念建立isA关系，进而构建一个比WordNet更大的概念层级体系。YAGO构建概念层级体系的步骤主要分为三步。

首先，将维基百科中的概念型标签（比如"American male film actors"和"American Singers"）看作一个名词词组，通过名词词组分割工具分割成前缀修饰词（"American male film"和"American"）、中心词（"actors"和"Singers"）和后缀修饰词。

随后，对中心词进行词干化（得到"Actor"和"Singer"）。

接着，检查由"前缀修饰词+词干化的中心词"组合而成的名词词组是否是WordNet中的某一概念。如果是，即认为这个维基百科的标签是WordNet概念。如果不是，则进一步去除前缀修饰词，仅检查"词干化的中心词"是否是WordNet中的某一概念。如果是，则认为这个标签是概念的子概念。如果都不是，则认为该标签与WordNet概念之间不存在isA关系。

## 4.2.2 基于模式的方法

维基百科的标签系统规模有限，这决定了基于维基百科构建的概念图谱规模有限，难以满足大规模应用的需要。突破规模瓶颈的一个重要思路是将互联网上的自由文本作为构建概念图谱的数据源。互联网上的自由文本的规模几乎是无限的，由此而构建的概念图谱可以覆盖常见的实体和概念。从自由文本中抽取isA关系最常见的方法是基于模式（Pattern）的抽取方法。

### 4.2.3 中文概念图谱的构建

基于模式的方法依赖高质量的抽取模式，但是中文的高质量句法模式较少，这是因为中文的语法相对英文而言更加复杂和灵活。例如，典型的Hearst模式 "NP such as {NP, }*{（or|and）} NP" 在英文中有95.7%的准确率，但是在中文中只有75.3%的准确率。大部分中文模式比相应的英文模式准确率低。这导致基于模式的方法很难构建高质量的中文概念图谱。而基于在线百科的方法仅从百科的类别系统中获取isA关系，这种方法构建的概念图谱的覆盖率往往不高。

另一类典型的思路是将其他语言的概念图谱翻译成中文。这一思路存在两个挑战。首先，译法存在歧义，需要在各种可能的译法中选择合适的译法。比如，对于 "China isA country"，China可以翻译成 "中国" 或者 "瓷器"，country可以翻译成 "国家" 或者 "乡村"，而显然只有 "中国isA国家" 是合理的。因此，仍需要利用一些特征来识别正确的译法。比如，利用词对的共现频次，"中国" 与 "国家" 的共现频次要远高于其他不准确的翻译词对。

其次，不同语种倾向于表达不同的知识。不同语种表达的知识相交部分不多，比如，中文百度百科与英文维基百科中的实体相交数量只有40万个左右，而它们的总实体数都超过了400万个。不同的语种对应不同的文化，不同文化的人们对世界的认知是不同的，自然就有很多知识只在特定语言中存在表达。比如，中国讲究饮食文化，烹饪方式有拌、腌、卤、炒、溜、烧、焖、蒸、烤、煎、炸、炖、煮、煲、烩等，而在英文中只有stew、fry、steam等几种有限的烹饪方式，无法反映中国烹饪方式的差别与多样性。因此，基于翻译的方法构造中文概念图谱，在精度和召回率方面均面临巨大挑战。

接下来，介绍两种典型的中文概念图谱（大词林和CN.Probase）的构建方法。

#### 4.2.3.1 大词林

大词林是一个基于抽取+排序框架构建的中文概念图谱。框架的输入是实体，输出是实体的有序上位词表，其基本思想是利用搜索引擎获取输入实体的上位词。其框架主要包含两个模块：候选上位词抽取和上位词排序。

候选上位词抽取模块使用Web上的多个信息源挖掘一个命名实体的候选上位词。通过搜索引擎搜索实体，从搜索结果、在线百科类别标记和实体核心词库等三类来源获取候选上位词。这一做法充分利用了互联网数据量大、覆盖面广的特点，从而避免了数据稀疏问题，提高了实体上位词的召回率。但是由于Web数据中往往包含较多噪声，在抽取步骤中得到的候选上位词的准确率并不是很高，因此仍然需要通过上位词排序模块对它的候选上位词进行排序。上位词排序模型的训练需要大量命名实体及其候选上位词的标注语料。考虑到人工标注费时费力，大词林系统使用了一些启发式的策略来自动收集训练语料。

### 4.2.3.2　CN-Probase

这是一个以中文在线百科为来源，基于生成+验证框架构建的中文概念图谱。中文在线百科（百度百科、互动百科等）包含丰富的信息，其每个页面对应一个实体和它的相关描述。中文在线百科的页面一般包含实体括号（记为a）、摘要（记为b）、Infobox（记为c）和标签（记为d）。针对这些数据源进行深度加工，可以获得大量的isA关系。比如，根据实体括号信息可以获得"刘德华isA歌手"，根据Infobox"职业：演员"可以获得"刘德华isA演员"，根据标签可以获得"刘德华isA娱乐人物"。从多个数据源中抽取isA关系能够确保概念图谱的覆盖率，但是从每个数据源中抽取的isA关系又会包含一些噪声，比如，从标签中会抽取到错误的isA关系"刘德华isA音乐"。因此，在生成isA关系后验证模块还需要对其进行仔细筛选。

验证模块使用多种启发式方法来发现错误的isA关系，从而确保概念图谱的准确率。验证模块包括基于互斥概念的验证、基于命名实体识别的验证和基于语法规则的验证。通过构建互斥的概念对（如人物和音乐）可以发现错误的isA关系。例如，"周杰伦"同时存在"人物"和"音乐"这两个上位词，其中必然有一个是错误的。命名实体识别主要判断实体的上位词是否是命名实体，一般而言，命名实体不可能是一个正确的上位词。语法规则主要通过人工定义一些规则来纠错，比如当下位词x是一个名词性复合短语时，作为修饰成分的名词一般不能作为x的上位词，如当x="教育机构"（教育是修饰词，机构是核心词），教育显然不是x的上位词。

## 4.3　isA关系补全

虽然语料越来越多，抽取工具也越来越强大，但是基于文本语料通过自动抽取而建立的概念图谱仍可能存在isA关系缺失的情况。例如，虽然Probase包含约1000万个实体/概念和约1600万条isA关系，但平均每个实体只有约1.6个上位词。然而对于人类而言，所能枚举的概念显然远超这一数值。本节将讨论isA关系缺失的成因与解决方案。

### 4.3.1　isA关系缺失的成因

任何从文本语料中通过自动抽取方法构建的知识图谱都存在一定程度的缺失。其根本原因在于，某个特定的文本语料只是对知识全集的一个不完整的表达。人类的知识浩如烟海，可以明确表达的知识只是其中的一部分。在这一部分中，通过自然语言文本表达的，也就是在语料中被提及的知识，也只是一部分（还有很多知识，比如时空知识，多以图片等其他模态表达）。不同语言的文本语料所提及的知识又存在一定的倾向性，很容易遗漏该语言少有提及的知识。比如，中国人日常生活中的油条、豆浆类的早餐知识在其他语种就很少被提及。

那么是否可以通过增加语料来解决知识缺失的问题呢？增加语料只能在一定程度上缓解上述问题，彻底解决知识缺失问题仍然十分困难。除了上面提到的局限性因素以外，还包括以下原因。

#### 4.3.1.1　低频实体相关知识缺失

实体在语料中出现的次数大致服从幂律分布（也就是Zipf定律r×f=C，其中f是实体出现的次数，r是实体出现的次数在所有实体中的排名，C是一个常数）。大多数实体在语料中出现的频率较低，因此缺乏足够的信息抽取相关的isA关系。例如，在Probase中，"腓特烈二世"仅有"皇帝"一个概念，这是因为"腓特烈二世"这个词在语料中出现的次数相对较少。在包含这个词的句子中，符合特定抽取模式的句子则更加稀少。因此，即使收集更多的语料，提升低频实体的抽取效果仍然十分困难。

#### 4.3.1.2　常识相关知识缺失

还有大量常识性的isA关系，在语料中鲜有提及，因而也就无从抽取。比如，"柏拉图"是一个人，这是十分显然的，以至于在文本中很少被提及，也就无法被抽取。

因此，通过增加语料来解决isA关系缺失的效果有限。然而，人类往往可以通过推理来得到更多的isA关系，从而补全概念图谱。比如，知识库中往往包括"柏拉图"是一个"哲学家"，再结合"哲学家是人"，那么就可以推理出"柏拉图是一个人"。

综上所述，让计算机利用已有的isA关系推理出新的isA关系是一种可行的概念图谱补全思路。有两类典型的补全思路，一类是利用isA关系的传递性，另一类是利用相似实体（协同过滤思想）。

### 4.3.2　基于isA关系传递性的概念图谱补全

isA关系在理论上具有传递性，即：若x isA y且y isA 2，则x isA z成立。比如，根据爱因斯坦是一个物理学家，物理学家是一类科学家，可以推理出爱因斯坦是一个科学家。根据传递性，可以通过x isA y且y isA z，推理出x isA z并加入概念图谱中，从而实现概念图谱补全。

在WordNet等语言专家精心构建的经过语义消歧的概念图谱中，isA关系的传递性是成立的。然而，在从大规模文本语料自动抽取构建的大规模词汇概念图谱（比如Probase）中，isA关系的传递性却不一定总是成立的。比如，Einstein isA Physicist（爱因斯坦是一个物理学家），Physicist isA Job（物理学家是一种职业），但若说Einstein isA Job（爱因斯坦是一种职业）则不合理。再比如，Carseat isA Chair（汽车座椅是椅子），Chair isA Furniture（椅子是家具），但若说Carseat isA Furniture（汽车座椅是家具）就很牵强。

isA关系传递性不成立的一个重要原因是，Probase中的词汇没有经过消歧。例如，Einstein isA Physicist和Physicist isA Job中前后两个Physicist有着不同的语义。前者指的是一类人，而后者指的是一种职业。有一种直接的方法：像WordNet一样对词义进行识别和区分。然而，在Probase这样的大规模词汇概念图谱中进行词义消歧代价极大，基本不可行。一方面，在大规模的概念图谱中进行消歧需要很大的计算量；另一方面，对每一个概念在不同语境下的含义进行非常精准的语义细分，理论上也是很困难的。例如，Chair有办公椅、长凳、小板凳、汽车座椅等各种含义，要区分Chair细微的语义差别十分困难。

因此，基于isA关系的传递性对Probase这样的大规模词汇概念图谱进行补全，首先需要判断：isA关系的传递性是否成立？只有当isA关系的传递性成立时，才可以进行补全。这一问题可以建模为一个二元分类问题：给定词汇概念图谱中的某个三元组<x, y, z>，且x isA y，y isA z，判断x isA z是否成立。如果x isA z成立，这个三元组就是正例，否则是负例。给定标注样本以及基本特征，就可以构建一个二元分类器，完成判定。

### 4.3.2.1　样本标注

人工标注样本耗时耗力，难以构建大规模高质量样本。利用专家构建的高质量概念图谱，比如WordNeb来自动构建大规模标注数据，是一个廉价、有效的方法。WordNet是由专家构建的经过语义消歧、按词义进行组织的概念图谱，这使得自动化构建标注样本集成为可能。

### 4.3.2.2　特征

需要从x isA y和y isA z这两个已知的isA关系中提取一系列有效特征来判定传递性是否成立。基本特征包括各实体/概念x、y、z的一些统计信息，比如，其上（下）位同的数量、在语料中出现的频次等。同样，对于x isA y和y isA z这两条已知的isA关系，也可以提取其边权（即此关系在语料中出现的频次）、关系两端实体/概念的点互信息量（Pointwise Mutual Infonnation）等特征。

除了这些基本特征外，还有一些统计特征具有较好的区分度。第一个特征来自同类实体的信息。例如，为了判断<Einsten，Physicist，Scientist>的传递性是否成立，可以观察与Einstein类似的实体，如Newton、Faraday相应的传递性。由于Newton、Faraday等实体都同时具有Physicist和Scientist等上位词，因此有理由相信Einstein的isA关系也可以通过Physicist传递到Scientist。第二个特征来自相似概念的信息。对于三元组<x, y, z>，考虑与之相关的正例三元组<x, y, z>，概念z'和z的相似度可以用来推断<x, y, z>的传递性。

## 4.3.3　基于协同过滤思想的概念图谱补全

基于传递性进行补全的方法能找到大量新的isA关系，但是这种方法只适用于存在一个中间"桥梁"概念的isA关系，因而具有一定的局限性。另一个推断缺失的isA关系的想法是，相似实体拥有类似的上位词。

# 4.4　isA关系纠错

从大规模语料，特别是互联网语料中，通过自动抽取技术构建出来的千万节点规模的概念图谱，不可能没有错误。对于一个千万节点规模的概念图谱，即使是1%的错误率，错误关系的绝对数量也可能在10万级别。这些错误会对下游应用产生显著的负面影响。比如，错误地把"上海"当成一个"人"可能会使下游应用在查询人的时候返回"上海"。因此，很有必要对抽取到的概念图谱进行清洗，以进一步提升概念图谱的质量。

## 4.4.1　错误的成因

下面对自动化构建的概念图谱中的错误成因进行分析。自动化构建包括3个基本步骤：首先收集大量语料；其次使用各种抽取算法从语料中自动抽取实体、概念和isA关系；最后用一些自动推理技术补全isA关系。整个过程中的每一步都有可能引入错误。

### 4.4.1.1　来自语料的错误

语料，特别是互联网语料，会给概念图谱的构建带来很多挑战。比如，修辞现象（如反话、比喻、抽象等）。例如，从句子"要真这样，猪也飞起来了"中会把"猪"抽取成"会飞的动物"。互联网语料往往还包含错误的句子、不当的表达，甚至是笔误。例如，Probase中存在一个明显错误"Exciting city isA Paris"，其源自句子"… Paris is such as（an）　exciting city"，其中有一个明显的笔误（把an写成了as），使得通过Hearst模式抽取得到的是错误的isA关系。

### 4.4.1.2　来自抽取的错误

即便语料是完美的，自动化的抽取方法也仍会出错。总体而言，自然语言是十分复杂的，而抽取方法往往又是由大量基本NLP模块（如分词、词性标注、语法树构建等）堆砌而成的复杂方案，每个模块的错误容易传播、影响到后续模块，导致最终抽取出的isA关系质量低下。端到端的深度学习NLP方案在一定程度上可以缓解上述问题，但正确率仍然有限。

### 4.4.1.3　来自推理的错误

一些自动推理技术虽然能够新增大量的知识，但也会不可避免地引入错误。除了自动推理技术本身的限制外，还有一些客观原因也造成了错误。一方面，原始的概念图谱中就存在着错误，基于错误的前提推理所得的结果往往也是错误的；另一方面，现实世界中往往存在大量的特例，它们不符合简单的推理规则。例如，企鹅是鸟，但是不会飞，按照推理规则"鸟都会飞"就会错误地推断出"企鹅不是鸟"。

想要自动找到所有错误是不太现实的。退而求其次，我们希望能找到一些机制与方法，尽可能多地识别某些类型的错误，从而进一步提升概念图谱的质量。

### 4.4.2 基于支持度的纠错

一个简单的纠错方法是，为每一条知识寻找支持它的证据，来"证明"其正确性。最直接的证据是语料中提及这一条知识的频次。显然，如果一条知识在各种语料的大量句子中都可以抽取到，那么它很有可能是正确的。在特定语料中，将出现某条知识的句子的数量作为这条知识的支持度。表4-4对Probase中具有不同支持度的isA关系进行了抽样验证，发现有更高支持度的isA关系通常更可能是正确的。

表4-4 Probase中关于支持度的抽样验证

| 支持度 | 占比/% | 正确率/% |
|---|---|---|
| 1 | 85.88 | 78 |
| 2~10 | 13.27 | 86 |
| 11~100 | 0.80 | 94 |
| >100 | 0.05 | 100 |

那么，能否仅凭支持度筛选出错误的isA关系呢？答案是否定的。支持度一般服从幂律分布，也就是说绝大多数的isA关系的支持度都仅为1。从表4-4中可以看出，支持度为1的isA关系的正确率有78%，而在整个Probase中支持度为1的知识占85%以上。如果简单地将支持度为1的知识都视作错误知识，则误删率太高。

### 4.4.3 基于图模型的纠错

一个理想的概念图谱往往是一个有向无环图（DAG）。较为抽象的概念在更高的层级，而较为具体的实体在较低的层级。isA属性的边都是从具体（低层级）往抽象（高层级）连接的。然而，在自动抽取构建的概念图谱中往往会发现大量的环。显然，环中的isA关系之间存在逻辑上的冲突。因此，可以猜想：自动化构建的概念图谱中的环往往是由错误的isA关系导致的。

环的存在可以帮助定位词汇概念图谱中的isA关系错误，但是我们还需要从环中识别并清除错误的isA关系。容易想到，在一个环中，可信度最低的isA关系应予以清除。这样，前面所讲到的isA边的可信度度量就可以帮助我们选择错误的isA关系。

# 第5章  百科图谱构建技术

## 5.1  概述

### 5.1.1  什么是百科图谱

百科图谱是一类以百科类网站作为主要数据源构建而成的知识图谱。与纯文本页面不同，百科类网站的页面中包含丰富的结构化信息。

总体而言，百科类网站页面中的信息组织更加结构化，便于用户阅读和理解。百科类网站的特点包括以下几点。

（1）知识全面。根据《中国大百科全书》的定义，百科是概要介绍人类一切门类知识或某一门类知识的工具书。从理论上来说，百科类网站能覆盖全部知识。

（2）实体独立。每个实体对应一个页面，每个页面均围绕一个独立的实体进行全面的介绍。

（3）格式统一。每个页面都由统一的网页模板自动生成，包含固定格式的半结构化文本。

（4）质量优良。每个页面的内容都由众包工人或者专业人员编辑，而且通常有着严格的审核机制，准确率较高。

因此，以百科类网站作为数据源的百科图谱具有知识完备、获取容易、抽取简单、质量优良等优点。

### 5.1.2  百科图谱的意义

百科图谱的研究具有重大意义，其主要表现在以下几个方面。

#### 5.1.2.1  支撑领域知识图谱的构建

很多领域知识图谱（以下简称领域图谱）是建立在通用知识图谱基础之上的。百科图谱对领域图谱起着重要的支撑作用。百科图谱是一类典型的通用知识图谱。因此，百科图谱一方面可以给很多领域图谱提供高质量的种子事实；另一方面，百科图谱可以提供领域模式。此外，很多领域知识就是以领域百科的形式存在的，如电影网站、音乐网站等。另外，一些企业的知识分享平台也是百科形式的。因此，面向百科奖梨数据源的知识获取技术对于领域（企业）图谱的构建也具有积极意义。

### 5.1.2.2 为机器语言理解提供通用知识

机器理解自然语言需要丰富的背景知识，其中的关键之一是通用知识（Common Knowledge），比如，中国的首都是北京，地球的卫星是月球。而通用知识的重要载体就是百科。百科图谱存储了海量实体的知识，这些知识可以作为背景知识支撑机器语言理解。百科中的通用知识已经成为支撑机器语言理解、提升机器学习效果的重要背景知识。

### 5.1.2.3 支撑语料自动标注

当前的自然语言处理任务大量采用监督学习模型，而这往往需要大量的标注样本。人工标注语料费时、费力，并且语料规模有限，难以有效支持模型的训练。百科图谱包含丰富的实体和关系知识，可以自动标注大量语料。词汇挖掘、命名实体识别以及关系抽取等任务都可以使用百科中的结构化知识与文本的自动比对实现自动标注，这类方法被称作远程监督（Distant Supervision）学习、间接监督（Indirect Supervision）学习等。

## 5.1.3 百科图谱的分类

百科图谱根据其数据源的特点可以分为通用百科图谱和领域百科图谱。通用百科图谱来自通用百科类网站，包含来自各个领域的实体。领域百科图谱来自领域百科类网站，仅包含特定领域的实体，如电影网站、购物网站、工商网站和法律网站等。这些网站也是每个页面介绍一个实体，同时每个页面中都包含大量的结构化内容。

百科图谱根据构建的方法可以分为两类。一类是针对单个数据源（单源）而构建的百科图谱，典型代表有DBpedia、YAGO和CN-DBpedia等。其中，DBpedia和YAGO以维基百科作为数据源，CN-DBpedia以百度百科作为数据源。

另一类是融合多个数据源（多源）而构建的百科图谱，典型代表有BabelNet、zhishi.me和XLORE等。BabelNet融合了284种不同语言的数据源，zhishi.me融合了百度百科、互动百科以及中文维基百科，XLORE融合了百度百科、互动百科以及英文维基百科。此外，最新版本的DBpedia和YAGO也融合了不同语言版本的维基百科并构建了跨语言的百科图谱。这两类知识图谱的构建方法不同，前者侧重于抽取，而后者侧重于融合。

## 5.2 基于单源的百科图谱构建

基于单源的百科图谱是以单个百科类网站作为数据源构建而成的百科图谱。其输入是一个百科类网站，输出是一个百科图谱。例如，输入维基百科，输出DBpedia；输入百度百科，输出CN-DBpedia。从构建步骤来讲，基于单源的百科图谱构建主要包括五个步骤，数据获取→属性抽取→关系构建→概念层级体系构建→实体分类

第一步是数据获取，目标是找到一个百科类网站所有实体的介绍页面；第二步是属性抽取，目标是从百科页面的半结构化文本中抽取出实体的属性知识；第三步是关系构建，目标是建立实体与实体之间的关联；第四步是概念层级体系构建，目标是建立一个概念集合以及概念之间的层级关系；最后一步是实体分类，目标是将实体分类到上一步建立的概念集合中。

### 5.2.1 数据获取

百科类网站不仅包含实体页面，还包含很多其他的辅助页面，包括志愿者页面、标签页面、主题页面等。数据获取主要分为两步：第一步是获取一个百科类网站的全部页面，第二步是从全部页面中识别出实体的介绍页面。

#### 5.2.1.1 页面获取

获取一个百科数据源中的全部网页有三种策略，每种策略都有其适用场景和现实挑战。

（1）基于备份文件（Dump）的下载。有些在线百科类网站会定期对外发布全部页面的备份文件。用户只需下载最新的备份文件，即可获得该网站的全部页面。例如，维基百科每隔一段时间就会发布网站的备份文件供用户下载。这种策略最为简单，但目前提供备份文件的百科类网站不多。

（2）基于超链接的遍历。这是搜索引擎获取网页的方法。百科类网站的网页之间通常是通过超链接连接起来的。通过超链接，理论上可以遍历网站中的所有网页。打开百度百科首页，可以找到"2018年雅加达亚运会"的超链接，打开该页面后里面又存在"曼谷"的超链接。通过这种策略，可以找到所有关联的百科页面。这种策略能找到大量的网页，但在真实应用中，召回率仍然存在一定的问题，因为会存在部分百科页面未被其他任何页面链接的情况，这会导致其无法被获取。

（3）基于枚举的遍历。这种策略的基本假设是百科类网站的页面URL具有可枚举性。可枚举性是指可以根据百科类网站页面URL的格式枚举出所有百科页面的URL。有两类典型的URL枚举方式：ID枚举和名称枚举。表6-1给出了两类枚举方式的例子，其中前三行是ID枚举，最后一行是名称枚举。直接的枚举方式穷举所有可能的ID或者名称，但显然这种方式效率不高，有可能枚举出并不存在的URL。一类

优化思路是根据有限数量的样本URL推断URL的字符模式，从而提高所枚举URL的命中率。这本质上属于语法学习（Grammar Learning）的问题。这种策略在复杂场景下是有必要采用的。

### 5.2.1.2 页面识别

百科图谱主要关注实体相关的知识，因此需要从所有网页中识别出介绍实体的页面，可以充分利用百科页面的特殊性来完成这一任务。与普通的页面不一样，百科类网站是以词条的方式对内容进行编排的，每个页面均围绕一个词条进行全面的介绍。因此，实体发现过程等价于词条页面发现过程。一般而言，每个百科类网站的词条页面URL都具有一定的命名规律。

## 5.2.2 属性抽取

百科类网站的每个页面都围绕一个独立的实体进行全面的介绍。因此，只需要解析一个百科页面，就能得到一个实体的全部属性和属性值，其中包括半结构化知识抽取和数据清洗两大步骤。本节首先剖析百科页面的内容，然后介绍如何从百科页面中抽取知识。

### 5.2.2.1 百科页面内容

百科类网站的页面格式基本固定，包含大量半结构化的信息。本节以百度百科为例，介绍百科图谱经常会用到的几类半结构化信息。

多义词（A）：又称消歧项、义项，一般出现在词条名称存在歧义的页面中。例如，有多个百科词条的名称都叫"刘德华"。点击不同义项的超链接，可以跳转到相应的词条页面。

标题（B）：每个页面都有的词条名称，可能存在名称重复的情况。

同义词（C）：当用户搜索一个词条的别名时才会出现。例如，搜索"华仔"会跳转到"中国香港男演员、歌手、制片人、填词人"义项的"刘德华"词条。

摘要（D）：是文本形式的词条概述，大部分页面都有摘要信息。

目录（E）：是词条详细描述内容的大纲，大部分页面都有目录。

基本信息表格（F）：又称Infobox，是一组包含属性及属性值的表格，是对实体的结构化总结。大部分页面都有Infobox。

超链接（G）：与当前词条相关的其他词条会通过超链接的形式与当前词条进行关联。

标签（H）：由广大用户创建的标签，用于对词条进行组织和分类，方便用户导航、浏览等。标签中既有主题型标签（如军事、生物），也有概念型标签（如演员、行政区域）。

当然，不同的百科类网站包含的半结构化信息不尽相同。例如，维基百科中就存在一些百度百科中没有的知识，如概念的层级结构信息、词条的地理信息以及多语言版本链接信息等。

### 5.2.2.2　半结构化知识抽取

针对百科页面的知识抽取，本质上是针对其中的半结构化内容进行解析。百科类网站中的每个词条都被看作一个实体，针对每个词条页面的不同类型的半结构化信息，可以使用不同的抽取器来抽取知识，最终会得到一个实体的全部属性及部分隐性关系。下面将介绍其中几类非常重要的属性及关系。

（1）名称属性。知识图谱所描述的实体都是唯一的，在数据库中存储时其通常使用唯一标识符（Unique ID，UID）进行标记，但是UID显然对用户不够友好。因此，百科图谱通常采用字符型名称对实体进行表示。但是中文实体名又经常会出现重复的情况，因此百科图谱通常会通过额外的备注对实体进行消歧。用于消歧的备注可以是实体类型、关键特征，例如，实体名称可以表示为"刘德华（中国香港男演员、歌手、制片人、填词人）"（后面无特殊说明时，所谈及的刘德华均是指这一实体）。

（2）实体指代。知识图谱中的实体会以多种不同的指代（Mention）形式出现在文本语料中。如刘德华有时会以"华仔"的形式出现，有时又会以"刘德华""刘天王"等形式出现。识别一个实体的不同指代形式有助于机器理解文本。获取实体的指代有三种方式。第一种是根据同义词信息获取，例如，搜索"华仔"将跳转到"刘德华（中国香港男演员、歌手、制片人、填词人）"。第二种是根据多义词信息获取，每个包含歧义项的实体的标题就是这个实体的指代。第三种是根据基本信息表格获取，表格中可能包含一些指示实体指代的属性，如英文名、别名、学名等。这些属性的值均是实体的指代，比如，刘德华的英文名"Andy Lau"也是其指代之一。

（3）摘要属性。摘要属性是对实体的概述性描述，包含的信息非常丰富，可用于实体展示、相似度计算和实体的表示学习等，主要来自页面的摘要部分。

（4）基本属性。除了上述几类特殊的属性外，还有更多的其他属性。这些属性来自基本信息表格，它们刻画了实体的基本信息，是百科图谱最重要的知识来源之一，对最终的知识图谱中的知识贡献最大。实体的属性及属性值直接来自这些表格的属性列和属性值列。

（5）相关关系。相关关系是通过超链接信息获得的，是实体之间的一种隐性关系。"刘德华"和实体"杨过"之间存在超链接，表明两者之间存在关系，但这种关系（刘德华于1983年在电影《神雕侠侣》中饰演杨过）难以用简单的基本关系进行表示。因此，目前用相关关系来表示。

（6）分类关系。分类关系通过标签信息获得，包含实体与概念之间的实例关系（instanceOf），以及实体与主题之间的关系等。

### 5.2.2.3 知识清洗

由于百科类网站是通过众包的方式编写的，因此通常没有统一的编写标准。利用半结构化的知识抽取方法得到的实体知识（主要是来自基本信息表格中的基本属性）会存在很多质量问题，具体包括以下方面。

属性表述不一致。不同词条对同一属性的表述不同，有些词条描述人物时使用了"英文名"属性，而另一些词条则使用的是"英文名称"属性。

数值属性值格式不统一。在填写日期属性时，部分志愿者习惯使用"YYYY年MM月DD日"的格式，而另一部分志愿者倾向于使用纯数字"YYYYMMDD"的格式。另外，有些属性值的单位不统一。例如，在描述身高时，有些使用"米"作为单位，有些则使用"厘米"作为单位。

对象属性的多个属性值合并表示。对象属性（Objecl Property）是指那些属性值是实体或实体指代的属性，本质上表达了实体间的关系。对象属性是可枚举的，可能存在多个不同的属性值。在百科类网站中，这些属性值往往会通过各种连接符合并成一个字符串。这种合并表示会导致后续关系构建步骤难以建立实体之间的关系，因为需要合适的方法识别属性值提及了哪些实体。比如，需要识别出"无间道"是一个实体并且链接到知识库中名为"无间道（2002年刘伟强、麦兆辉执导的电影）"的实体。

这些质量问题会降低知识图谱的可用性，因此需要对抽取出来的知识进行清洗。具体来说，知识清洗主要分为三个部分。

（1）属性对齐。属性对齐的目标是将单数据源中的所有等价属性合并，用统一的属性名称表示。例如，将百度百科中词条的属性"英文名"和属性"英文名称"统一用"英文名称"来表示。属性对齐通常采用生成+过滤+验证的基本思路。在生成步骤中，为全部属性两两计算相似度，得到候选的等价属性对。在过滤步骤中设计规则，过滤掉其中的错误等价属性对。最后，交由人工对最终结果进行验证。对于每个等价属性对，使用两者中出现频次较高的那个属性的名称来表示这对等价属性。

在生成步骤中，属性相似度的计算方法分为三种。第一种是基于属性名称相似性的方法，将每个属性名称当作一个字符串，度量字符串相似度的指标包括Jaccard系数、Dice系数、编辑距离等。例如，Jaccard系数将属性名称当作字符集合，通过比较两个属性名称的字符集合的相交程度评估属性之间的相似度。如属性"英文名"和属性"英文名称"相应字符集合的Jaccard相似度为3/4=0.75。第二种是使用外部同义词知识库（如同义词字典、百度汉语等）的方法，处理那些语义相似但名称相去甚远的属性，如"妻子"和"老婆"。第三种是基于属性取值相似度的方法，包括属性值集合的相似度和属性值类型的相似度等。

过滤步骤倾向于采用一些启发式规则，如"两个等价属性不会同时出现在一个百科词条页面中"，如果一个词条中同时出现了两个候选的等价属性，那么这两个属性不是等价属性。

（2）数值属性值归一化。数值属性值归一化的目标是将所有的数值属性值统一表示。数值属性值往往是由"数字+单位"构成的，所以数值属性值归一化可以分为数值抽取和单位统一两个步骤。例如，对于日期属性，可通过正则表达式抽取出年、月、日等数值信息，再通过转换来统一单位。

（3）对象属性值分割。对象属性值分割的目标是将一个对象属性的多个属性值合并而成的字符串拆分成多组属性-属性值对，以便后续进行关系构建。比如，将刘德华的属性"代表作品"的值"无间道、天若有情、旺角卡门……"拆分为多组属性-属性值对（"代表作品"，"无间道"）、（"代表作品"，"天若有情"）和（"代表作品"，"旺角卡门"）等。这一拆分的难点在于并非所有由分隔符连接而成的属性值都是需要分割的多值对象属性。例如，复旦大学的属性"校训"的属性值为"博学而笃志，切问而近思"。尽管该属性值是通过分隔符逗号组合而成的，但是"校训"是不可拆分的单值属性，不应该拆分。

对象属性值分割的基本思路是：对于任意一个属性，如果分割后的属性值集合中的大部分属性值都指代特定实体，那么这个属性很可能是多值的对象属性，对相应属性值进行分割是合理的尝试。这一思路的一个简单实现如下：对于一个属性值，首先判断其中是否存在分隔符，如果不存在任何一种分隔符，就认为不需要分割；如果存在一种或多种分隔符，则计算属性值字符串按照出现的每种分隔符进行分割后的得分（比如属性值集合中能够链接上实体的属性值的数量或比例），最后将得分最高的方案作为最终的分割方案。

## 5.2.3　关系构建

通过属性抽取步骤，可以获得知识图谱中实体的属性和属性值。当属性是对象属性时，通过将实体的属性值链接到知识图谱中已有的实体，就可以建立起实体之间的关系。关系名即基本属性的名称。例如，刘德华"代表作品"的值为"无间道"可以链接到知识图谱中的实体"无间道（2002年刘伟强、麦兆辉执导的电影）"，由此可以建立起"刘德华"与实体"无间道（2002年刘伟强、麦兆辉执导的电影）"之间名为"代表作品"的关系。因此，关系构建的核心步骤是将属性值链接到知识图谱中的实体。根据属性值是否存在指向其他词条的超链接，分为以下两类情形进行处理。

当属性值存在指向其他词条的超链接时，只需解析出这个超链接所指向的实体。例如，在刘德华的百科页面中，"无间道"存在一个超链接指向"无间道（2002年刘伟强、麦兆辉执导的电影）"这个实体页面，因此可以直接得到该属性值对应的实体。

当属性值不存在超链接时，需要利用实体的指代信息来进行实体链接。如果一个属性值不是知识图谱中的任何实体的指代，则认为该属性值不能指向任何实体。如果一个属性值是知识图谱中的一个或多个实体的指代，则需要使用分类器来进行判断。具体来说，分类器的输入是一个<实体，属性，属性值>三元组和与这个属性值对应的某个候选实体；输出是0和1之间的小数，表示该属性值指向这个候选实体的概率。

分类器的性能取决于特征的选择。下面介绍一些比较有效的特征。

（1）百科中属性值链接到候选实体的次数。在线百科中存在大量的超链接，在锚文本为属性值的所有超链接中，链接次数最多的候选实体最有可能是属性值所表达的真实实体。

（2）反指特征。在候选实体的页面中，如果存在超链接指向该属性值的主体实体，则说明主体实体与候选实体存在关系，该属性值很可能指向这个候选实体。比如，刘德华的代表作品《无间道》可能存在很多候选实体，包括电影、电视剧、小说、歌曲，但只有刘德华（主体实体）所出演的电影存在超链接指向刘德华，因此其是属性值所指的实体。

### 5.2.4　概念层级体系构建

概念层级体系构建便于对知识图谱中的实体进行组织和管理，目前主要包括人工构建和半自动构建两种方式。百科图谱对概念层级体系的质量要求较高，一般不采用全自动的方式构建。

人工构建的典型代表是DBpedia，它通过众包的方式将来自维基百科数据源的所有实体用320个概念进行有效的组织，其中概念之间通过类属（subclassOf）关系进行连接，构成一个最大深度为5的概念层级结构。

半自动构建的典型代表为YAGO，它的概念层级体系由专家构建的层级体系（WordNet）和用户众包构建的标签体系（维基百科标签体系）两部分组成，共包含35万个不同的概念。标签体系中的标签和层级体系中的概念之间的类属关系（subclassOf）通过自然语言处理的方法建立。

### 5.2.5　实体分类

实体分类的目标是将知识图谱中的实体分类到一组预定义的概念集合中，这组预定义的概念集合来自概念层级体系。实体分类的研究对象是知识图谱中的实体，分类依据来自知识图谱中的全部数据（包括结构化数据和非结构化文本）；而命名实体识别的研究对象是句子中的实体指代，分类依据仅来自句子的上下文文本信息。实体分类方法主要包括人工方法、基于规则的方法和基于机器学习的方法，下面分别进行介绍。

#### 5.2.5.1　人工方法

基于人工的实体分类方法借助领域专家和广大志愿者对知识图谱中的实体进行

类别标注。早期的语义网络规模不大，实体数量不多，往往由领域专家直接标注。随着知识图谱的实体规模不断扩大，人工方式逐渐由专家构建转为由广大志愿者共同协作构建，不同场景下人工参与的程度不同。例如，维基百科中的志愿者需要为每个词条按照标签系统中的标签进行分类，而DBpedia的志愿者利用维基百科的Infobox模板来进行批量人工标注。维基百科的Infobox类似于百度百科中的基本信息表格。为了方便用户添加信息，维基百科为不同类型的实体设计了不同的Infobox模板，每个Infobox模板描述了该类实体的基本属性。例如，"电影"类型词条的Infobox模板会包括"导演""演员""上映时间"等属性。基于此，DBpedia采用了类似于YAGO的策略，将维基百科中所有的Infobox模板与DBpedia的概念层级体系进行手动匹配，建立起模板名称与概念之间的等价或者包含关系。因此，所有使用了Infobox模板的词条都能被分类到DBpedia的概念层级体系中。

### 5.2.5.2 基于规则的方法

基于规则的实体分类方法使用一组IF-THEN规则来对实体进行分类。其中，规则分为通用的推理规则和启发式的推理规则。

通用的推理规则指那些能适用于全部概念的实体分类规则，包括基于等价实体关系和基于概念子类关系的推理规则。前者的推理规则如公式（5-1）所示：

$$(e_1 \in c) \Lambda (e_1 = e_2) \Rightarrow e_2 \in c \tag{5-1}$$

具体含义为：如果实体$e_1$属于某一概念$c$，并且实体$e_1$和实体$e_2$等价，那么就可以推断出实体$e_2$也属于概念$c$。比如，CUTE通过跨语言实体链接，建立起百度百科中文实体与DBpedia英文实体之间的等价关系（比如"刘德华"和"Andy Lau"），又已知了英文实体的分类结果（比如"Andy Lau"的英文分类包括Person、Actor和Singer等），进而得到部分中文实体的英文分类（比如"刘德华"的英文类别包括Person、Actor和Singer等）。

后者的推理规则如公式（5-2）所示：

$$(e \in c_1) \Lambda (c_1 = c_2) \Rightarrow e \in c_2 \tag{5-2}$$

具体含义为：如果实体$e$属于概念$c_1$，并且概念$c_1$是概念$c_2$的子类，那么可以推断出实体$e$也属于概念$c_2$。比如，YAGO就是通过这种规则将维基百科中的实体分类到WordNet的概念集合中的。

除了通用的推理规则外，还有一些仅适用于部分概念的启发式推理规则，包括基于实体名称、基于属性和基于属性-值的推理规则等。例如，①基于实体名称的推理：实体名称后缀为"医院""大学"的很可能分别属于概念"医院"和"大学"。②基于属性的推理：实体包含属性"性别"的，很可能属于概念"人物"。③基于属性-值的推理：如果实体包含属性-值对（职业，演员），很可能属于概念"演员"。

### 5.2.5.3　基于机器学习的方法

基于机器学习的实体分类方法往往将实体分类问题建模成一个多标记分类（Multi-label Classification）问题每个标记类代表知识图谱中的一个概念，一个实体可以属于知识图谱中的多个概念。输入为一个实体的一组特征，输出为该实体的所有概念标记。目前主要采用监督学习方法，包括决策树、支持向量机、最大熵模型等。这类方法需要大量的训练样本，即已分类的实体。监督学习方法本质上是利用训练集建立起实体的特征到概念集合之间的映射。

（1）特征表示

实体的特征表示可分为单示例（Single Instance）特征表示和多示例（Multi-Instance）特征表示两种。单示例特征表示是指一个实体只用一组特征集合来表示，该组特征集合包含实体的全部信息，能得到实体的完整分类结果。多示例特征表示则是指一个实体需要用多组特征集合来表示，每组特征集合仅包含实体的部分信息，只能得到实体的部分结果。

具体来说，单示例特征往往来自实体的结构化信息，包括属性特征、属性-值特征和标签特征等，如表5-1所示。这些特征来自专家定义，具有全面性。多示例特征往往来自实体的文本语料，出现实体的每个句子均可看作该实体的一个示例，如表5-2所示。每个示例根据句子的上下文信息都只能得到实体的部分分类结果，需要综合全部示例的分类结果才能得到实体完整的分类结果。

表5-1　实体"刘德华"单示例特征表示

| 特征类型 | 特征举例 |
| --- | --- |
| 属性特性 | 血型、妻子、国籍 |
| 属性-值特征 | （职业，演员）、（职业，歌手） |
| 标签特征 | 演员、歌手、制作人 |

表5-2　实体"刘德华"多示例特征表示及每个示例的分类结果

| 实体 | 文本 | 分类结果 |
| --- | --- | --- |
| 刘德华 | 华仔出生于1961年9月 | 人物 |
| | 刘德华出演了最新电影《长城》 | 人物、演员 |
| | 《忘情水》是刘德华的代表歌曲 | 人物、歌手 |

（2）分类模型

针对单示例特征表示的实体分类问题，输入为实体的一个二元特征向量，特征向量每一维的取值为1或者0，表示该实体包含或不包含这个特征；输出为一个二元概念向量，概念向量每一维的取值也是1或者0，表示该实体属于或者不属于这个概念。这是一个典型的多标记分类问题，使用经典的朴素贝叶斯、逻辑回归、支持向量机和决策树等模型即可解决。

针对多示例特征表示的实体分类问题，目前主要有两类方法。第一类是分类+融合的方法，另一类是多示例学习的方法，一次性考虑实体的全部示例信息，得到完整的分类结果。

因此，越来越多的研究开始关注基于神经网络自动特征提取的实体指代分类方法，包括HNM、METIC、KNET等。例如METIC提出的基于神经网络的实体指代分类模型，对于一个包含实体指代的句子，将其分割成三部分，即实体指代及其左右两部分文本。对于每部分文本，分别使用神经网络的字（词）向量层来将文本中的每个字（词）表示为一个分布式向量。再通过长短期记忆网络层来抽取每个部分的文本特征，同时考虑词之间的顺序关系。最后，通过一个合并层将三个部分的文本特征合并，并输出分类结果。

分类+融合方法的第二步是，融合多个示例的分类结果（比如，在表5-2中"刘德华"存在多个分类），同时去除单示例分类过程中可能出现的噪声（比如，在关于特朗普的文本中可能会提及"特朗普大厦"从而得到"特朗普"的错误概念"建筑物"）。除了传统的直接合并、一致性投票和大多数投票等融合策略外，METIC提出了一种基于约束的融合策略。约束来自知识图谱中的先验知识，包括概念互斥约束和概念层级约束等。

概念互斥约束要求一个实体不能同时属于两个语义互斥的概念，比如，一个实体是"人物"就不可能是"组织机构"。两个概念的互斥程度可根据两个概念所包含的实体集合的相交程度来计算。越不相交，表示两个概念越互斥；越相交，表示两个概念越兼容。METIC使用了点互信息（Pointwise Mutual Information，PMI）指标来表示知识图谱中两个概念之间的相交程度，如公式（5-3）所示：

$$PMI(t_1, t_2) = \log \frac{p(t_1, t_2)}{p(t_1) \times p(t_2)} \tag{5-3}$$

其中，P（$t_1$）和P（$t_2$）分别表示一个实体属于概念$t_1$和$t_2$的概率，即概念$t_1$和$t_2$包含的实体个数占总实体个数的比值；P（$t_1$，P（$t_1$））表示一个实体同时属于这两个概念的概率。当PMI值低于某个阈值时，认为两个概念语义互斥。

概念层级约束是指一个实体如果不属于某个概念，那么它也不可能属于这个概念的任意子概念。比如，不属于概念"人物"的实体也不可能属于概念"歌手"。为了生成概念层级约束，可直接使用知识图谱中概念之间的类属关系。例如，概念"公司"是概念"组织机构"的子类，而概念"歌手"是概念"人物"的子类。

基于约束的多示例分类结果融合方法，将问题建模成一个整数线性规划模型，其中的约束包括概念互斥约束和概念层级约束。模型的定义如下：

Maximize $\sum_{t \in T} (p(t|m) - \theta) \times x_{e \cdot t}$

Subjectto

$$\forall_{ME}(t_1, t_2)x_{e \cdot t_1} + x_{e \cdot t_2} \leq 1$$

$$\forall_{ISA}(t_1, t_2)x_{e \cdot t_1} - x_{e \cdot t_2} \leq 0 \qquad (5\text{-}4)$$

其中，$x_{e \cdot t}$是一个指示变量，取值为0或者1，表示实体e是否属于概念t。P（t|m）表示一个实体指代m属于概念t的概率；θ为阈值；ME（$t_1$，$t_2$）表示$t_1$和$t_2$是两个互斥的概念。IsA（$t_1$，$t_2$）表示概念$t_1$是概念$t_2$的子类。从公式（5-4）中可以明显发现，第一个约束限制了两个互斥的概念，至多只能选中其中一个，而第二个约束限制了当一个父概念没被选中时，它的任何子概念都将被排除。

针对多示例特征表示的多示例学习的实体分类方法是一个端到端的神经网络模型，直接使用一个神经网络来预测实体的完整分类结果。输入为实体的全部示例，输出为实体的完整结果。

## 5.3　基于多源的百科图谱融合

本节将介绍如何利用多个不同的数据源来获得一个更完整、更准确的百科图谱。基于多源的百科图档融合方法主要分为两类。第一类是基于多个知识图谱的融合方法，首先根据每个数据源单独构建一个知识图谱，再将这些知识图谱进行融合，得到最终的知识图谱。第二类是基于多源异构数据的融合方法，每条知识都通过多源异构数据得到，再将所有知识合并成一个知识图谱。

### 5.3.1　基于多个知识图谱的融合方法

这一方法需要融合多个百科图谱，其中每个百科图谱都由一个独立的百科数据源构建获得。本节以两个知识图谱之间的融合为例进行介绍，主要包括四个步骤：概念融合、实体对齐、属性对齐和属性值融合。

#### 5.3.1.1　概念融合

不同知识图谱的概念层级体系各不相同，而融合后的知识图谱只能有一个概念层级体系。概念融合的关键是找到等价概念。由于概念层级体系非常重要并且规模可控，目前主流的系统主要采用人工方法进行匹配以保证融合的质量。例如，DBpedia通过众包的方式为不同语种的知识图谱上的概念建立等价关系。

不同知识图谱的概念层级体系除了包含等价概念外，还包含各自图谱特有的概念。如概念"玄幻小说"只在中文概念中出现，而不会在其他语言的概念集合中出现。有两种融合策略处理上述情形：一种以DBpedia为代表，只以其中的一个概念层级体系为主，另一个概念层级体系中特有的概念将被过滤掉；另一种以XLORE为代表，保留所有的概念，只将等价的概念合并。

### 5.3.1.2 实体对齐

实体对齐是知识图谱融合的最关键的步骤，它决定了知识图谱之间是否能够融合。实体对齐的主要任务是判断来自两个知识图谱中的实体是否等价，例如对于两个知识图谱$KB_1$和$KB_2$，对齐方法主要分为数据预处理、分块、成对对齐和集体对齐四个模块。其中，数据预处理的目标是解决实体命名不统一的问题，主要方法包括去除实体名称上的标点符号、进行同义词扩展等。分块的目标是减少需要两两比对的实体对的数量。具体做法是，根据一些启发式策略，将两个知识图谱中的相似实体分配到相同的区块中。在进行实体对相似度计算时，只需要计算相同区块中的实体对即可。例如，可以根据实体的概念进行分块，只有属于同一概念分块中的实体才可能彼此对齐。比如，"人物"和"建筑"两个概念分块中的实体是不可能等价的。实体对齐方法又分成成对对齐和集体对齐。成对对齐只根据一个实体对中两个实体本身的信息进行匹配，而集体对齐会考虑整个知识图谱的信息进行匹配。下面分别针对这两类方法展开介绍。

（1）成对对齐

成对实体的相似度计算主要分为两类方法。第一类是无监督学习方法，包括以下几种。

①根据现有的知识得到等价关系进行判断，如DBpedia通过维基百科中的实体的多语言版本信息得到了不同语言知识图谱中实体的等价关系。

②根据实体名称的相似度进行判断。相似度计算的方法包括Jaccard系数、Dice系数和编辑距离等。相似度大于某个阈值即认为等价；反之，则认为不等价。

③根据实体的语义相似性进行判断，如同义关系或概念相近等。

第二类是监督学习方法，即构建二元分类器，判断来自两个不同知识图谱的实体是否等价。这类方法的基本思路是利用已有的部分知识图谱间的等价实体作为训练集，再通过各种二元分类模型扩展得到更多的等价关系。其中，特征往往通过人工方式定义，来自实体的名称、正文、相关实体、标签、Infobox等信息。

（2）集体对齐

集体对齐会把实体所在的图谱的信息也考虑进来，可以细分为两类。第一类是局部集体对齐，也就是要匹配两个实体，不仅要考虑两个实体本身的相似度，还要考虑两个实体的邻居节点的相似度，如公式（5-5）所示：

$$\text{sim}(e_1,\ e_2) = \alpha \times \text{sim}_{Attr}(e_1,\ e_2) + (1-\alpha) \times \text{sim}_{NB}(e_1,\ e_2) \qquad (5\text{-}5)$$

其中，$\text{sim}_{Attr}(e_1,\ e_2)$为实体对本身的相似度，$\text{sim}_{NB}(e_1,\ e_2)$为实体的邻居节点的相似度。

第二类是全局集体对齐。从全局的角度来计算所有实体的匹配关系，该方法主要分为两种。一种是基于相似度传播的方法，基本思路是基于初始匹配通过迭代计算产生新的匹配。例如，如果已知两个作者匹配，那么与这两个作者具有"合著"关系的另外两个相似名字的作者之间会有较高的相似度。另一种是基于概率模型的方法，基本思路是将全局实体匹配的概率最大化，常用的方法包括贝叶斯网络、LDA、条件随机场和马尔可夫逻辑网等。

### 5.3.1.3 属性对齐

属性对齐是指将不同知识图谱中的等价属性合并为同一个属性。此外，由于多数据源中存在着大量的等价实体，还可以充分利用一些统计信息来对齐属性。

一个常用的统计信息是属性对应的实体-属性值集合的重叠程度。如表5-3所示，知识图谱$K_1$的属性"出生日期"包括四个实体-属性值对，知识图谱$K_2$的属性"生日"也包括四个实体-属性值对。通过Jaccard系数计算出两个属性的实体-属性值集合的重叠程度为100%，由此可以推断出这两个属性是等价的。

表5-3 利用统计信息来对齐两个知识图谱中的等价属性

| 知识图谱 | 实体 | 属性 | 属性值 |
| --- | --- | --- | --- |
| $K_1$ | AAA | 出生日期 | 1988-09-01 |
| $K_1$ | BBB | 出生日期 | 1966-06-11 |
| $K_1$ | CCC | 出生日期 | 1978-11-22 |
| $K_1$ | DDD | 出生日期 | 1999-09-09 |
| $K_2$ | AAA | 生日 | 1988-09-01 |
| $K_2$ | BBB | 生日 | 1966-06-11 |
| $K_2$ | CCC | 生日 | 1978-11-22 |
| $K_2$ | DDD | 生日 | 1999-09-09 |

### 5.3.1.4 属性值融合

在对齐属性后，需要对来自不同知识图谱的同一实体的同一属性的属性值进行合并。属性值融合的任务包括删除重复知识和去除错误知识。

删除重复知识最需要解决的问题是属性值的规范化，比如数值类型的属性值使用同一个标准来表示，包括单位统一、日期统一等。如果属性值对应一个实体且该实体存在多个名称，则使用统一的实体名称表示。

去除错误知识主要是利用不同知识图谱中的已知知识来实现的。根据属性是单值还是多值的，可以分为单值属性融合和多值属性融合。单值属性只有唯一的属性值，根据这一性质，可以利用投票的方法得到最可能的结果。

一种迭代的方法来计算每个知识图谱的质量Q（k）和每个三元组的准确率P（t）。在初始化过程中，为每个知识图谱设置相同的质量值（如知识图谱的平均质量估计值），然后进入迭代计算。在每轮迭代中，首先通过知识图谱的质量来计算每个三元组的准确率，然后根据所有三元组的准确率来重新计算每个知识图谱的质量。依此迭代，直至收敛，即每个指标的变化值都小于某个阈值。

对于多值属性的情况，可以考虑多策略融合的方法，其包括如下策略。

直接合并策略，该策略认为所有属性值都是正确的，直接合并所有结果即可。

投票策略，包括大多数投票、一致性投票和加权投票等。大多数投票是指只有半超过半数的知识图谱都包含该属性值时，才认为这个属性值是正确的；一致性投票是指只有当所有知识图谱都包含该属性值时，才认为这个属性值是正确的；加权投票是指对不同的知识图谱设置不同的权值进行合并。

自定义融合策略。比如，某一知识图谱的可信度远高于其他知识图谱，可以将这个知识图谱中属性的属性值作为基准，而将其他知识图谱中属性的属性值通过启发式的方式加入进来。

## 5.3.2 基于多源异构数据的融合方法

这类方法的输入是多源异构的数据源，包括互联网页面和知识图谱等，输出是一个融合后的百科图谱。基于多源异构数据的融合方法的典型代表是Knowledge Vault，其主要由三部分组件构成：知识抽取器、知识推理器和知识融合器。

知识抽取器主要以互联网页面作为数据源进行知识抽取。根据数据类型的不同又可分为文本文档抽取器、DOM树抽取器、网页表格抽取器和人工注解页面抽取器等四类抽取器。知识抽取器的基本思想是为知识图谱中的每条关系训练一个抽取器，再利用这些抽取器从多源异构的互联网页面中抽取出更多的知识。每个抽取器抽取出来的知识都会有打分（0到1之间，分值越高表示越可信）。以文本文档抽取器为例，抽取方法类似于关系抽取器。对于一条关系抽取器，输入为文本文档中的一个句子，输出为一个包含该关系的三元组，训练集通过远程监督学习的方法利用知识图谱中的已有知识自动标注。

知识推理器从知识图谱自身推理出新知识。这类推理器基于知识图谱的向量表示来推断知识图谱的缺失关联，并计算相应三元组成立的概率。典型方法包括路径排序算法、表示学习方法等。

最后，Knowledge Vault通过知识融合器从知识抽取器和知识推理器中得到每条知识的最终可信度。其具体方法为：训练一个回归模型，输入是每类抽取器及推理器的特征值，输出是这条知识的最终可信度。比如，每个知识抽取器的特征值有两个，第一个是能抽取出这条知识的互联网页面的数量（取其平方根），另一个是抽取出这条知识所涉及的所有抽取器的打分均值。每个推理器也计算类似的特征值，比如所推理出的知识的可信度等。

# 第6章　知识图谱的众包构建

## 6.1　概述

目前知识图谱主要是以基于数据驱动的方法来构建的，即机器利用自然语言处理等方法自动从大规模文本中抽取知识，这种方法克服了完全依靠人工专家构建知识库所带来的高昂成本，使知识图谱的规模呈几何级数增长。然而，在当前阶段，知识的获取仍然需要人力介入，这主要有以下三个原因。

首先，人机混合智能仍然是当前人工智能发展的主要形态。总体来说，当前人工智能是人机混合智能的初级阶段，离机器自主智能阶段仍然相距甚远。这意味着，大部分人工智能过程仍然需要来自专家的经验与知识，大部分机器学习算法仍然显著依赖于人工标注的样本（或者人类社会活动产生的间接标注的样本），智能过程的输出结果还是需要人类的反馈，机器的价值观与认知框架还需要人类来建立。人机混合智能既是当前人工智能技术发展的局限所致，也是人工智能技术发展的可控性要求的结果。因此，整个知识图谱的构建过程，从抽取模型的样本标注、概念层级的设计到知识的验证等若干环节，仍然需要人类的积极参与。

其次，知识是人类认知世界的结果，知识的对错其责任主体还是人自身。在当下，通过自动化方法获取知识产生错误在所难免。由于人工智能、模式识别、自然语言处理等技术的限制，以及网络文档不规范、噪声数据多等条件的制约，知识图谱构建的每一个重要步骤（如实体识别、关系抽取和知识融合等）都不可能用自动化的手段完全、准确地完成，而在这些中间步骤中产生的误差经过累加会导致知识图谱将错误的知识也吸纳进来。自动化知识获取所产生的错误必须由人来验证，因为"知识"本质上是人类对世界的认知结果，"知识"的对错是人类社会的命题，与机器无关。因此，由机器自动抽取的任何知识，其最终的验证者还应该是人，而且只有人才能对知识的对错负责，我们没有办法对机器追责。

最后，数据只是人类知识的有限载体，通过数据驱动的自动化获取方法只能获取知识的有限子集，人类对知识的补充不可或缺。人类的知识是十分庞大的，我们口口相传、通过书籍记载或数字化记录的知识只是人类知识总体中相当有限的子集。普通人对世界认知产生的常识以及专家的隐性知识都是极难从数据中使用自动化方法获取的，因而很难被现有的大型知识图谱所覆盖。因此，我们仍然需要将来自专家的隐知识、暗知识、默知识尽量外显，把它们显式地表达出来，连同人类的常识一并由人灌输给机器。

综上所述，仅仅依靠基于数据驱动的方法难以使知识图谱达到高准确率和高覆盖度，而适当的人力介入则可以缓解上述问题。然而，高昂的人工成本和知识图谱庞大的规模使得传统的由专家介入知识库构建的方案无法展开。众包平台（Crowdsourcing Platform）的出现使这种由人力介入参与知识图谱构建的方式成为可能。由于众包方式利用的是大众的闲暇时间，其没有传统的公司培训开销和团队维护开销，也避免了雇用专家所产生的昂贵费用，因此可以大幅降低单个任务的人工成本。

目前来看，众包可以在元知识创建阶段、知识获取阶段和知识精化阶段三个阶段介入知识图谱。

（1）元知识创建阶段，这个阶段主要实现元知识（也就是基本的认知框架）的搭建，原因在于基本的知识体系涉及深层次语义理解，难以从大数据中自动归纳得到。另外，各类知识获取模型所用到的特征和规则也需要由人制定，因此这部分工作主要由专家完成。

（2）知识获取阶段。这个阶段需要利用众包实现数据标注，再将这些标注数据作为训练数据，进而构建知识获取模型（包括实体识别、关系抽取和知识融合等各种经典模型，这些模型大部分是基于监督学习的模型），通过这些模型从文本或数据中自动获取知识。

（3）知识精化阶段。在完成自动化知识抽取后，需要通过众包手段来验证知识，纠错补漏。

因此，众包对于知识图谱的构建十分重要。知识图谱的构建是一项与知识和智慧密切相关的任务，所以其众包任务属于知识型众包。

## 6.2　知识型众包的基本概念

众包（Crowdsourcing）是一种新型的外包模式，它将一群松散的任务发包方（Requester）和任务完成者（简称工人，Worker）联系起来，实现任务发包、匹配、完成和付款等一系列操作。在数字时代到来以前众包就出现了，只不过当时主要采用"线下"的形式完成众包。

与传统外包模式不同的是，众包所联系的群体是一群松散的无组织人群，而传统承接外包任务的对象是一个相对固定的组织。相对于传统外包，众包在经费开销、时间与灵活性等方面表现更佳。

互联网2.0使得人们交互、支付和组织的便捷性大大提高，众包因此也得到了推广，目前已经有不少比较成功的众包平台。比如，滴滴出行和Uber通过自己的互联网约车平台实现了司乘需求的匹配。其他的一些O2O平台（如美团外卖、达达物流等）也都采用众包的方式完成了发包方与工人的匹配。可以说，众包已经成为现代服务业的一种重要组织方式。

上面介绍的比较成功的众包平台更偏向于劳动密集型行业，如快递、外卖和出租车等，主要是将闲散的劳动力组织起来为大众服务。近年来，涌现出一类新型的众包平台——知识型众包平台（Knowledge-Intensive Crowdsourcing）。

这类众包平台主要将大众的智慧和时间合理组织，为广大用户提供智力支持。目前典型的知识型众包平台有亚马逊的Mechanical Turk、阿里众包、猪八戒等，在其之上产生了各种各样的智力型任务需求，如语料标注、字幕翻译、Logo设计和问卷调查等。

与劳动密集型众包相比，知识型众包有以下特点。

（1）任务多样性强。劳动密集型众包往往只要求工人完成单一的任务，如美团外卖只关注外卖，滴滴出行只关注打车。而知识型众包涉及的任务丰富多样，在难度、时间开销等各个维度都存在较大区别。

（2）工人多样性强。劳动密集型众包工人的准入门槛较低，所需的工作技能单一，因此比较容易在人群中找到较多具备相应技能的工人。而知识型众包所需要的智力门槛较高，真正适合完成任务的工人不多。

（3）任务质量难以评价。劳动密集型众包由于任务单一，比较容易制定标准来评判任务完成的质量，比如，滴滴出行主要关注司机的响应时间和服务质量，美团外卖则是用订单完成时间作为评判标准。而知识型众包任务大多没有客观的评判标准，由于事先没有答案，因此很难评价工人完成得对不对、好不好。

（4）任务完成质量的影响面大。劳动密集型众包任务若完成的质量不高，可能会部分地影响用户体验，但并不会从根本上影响任务能否完成，如美团外卖的订单完成较慢只会影响用户用餐时间，而不影响其用餐与否。而知识型众包任务的完成质量则关系到任务本身能否完成，比如，若数据标注准确度不高，将导致后继的模型训练错误，从而完全推翻众包任务存在的必要性。

根据以上总结的特点，可以看出劳动密集型众包的核心问题是如何优化任务与工人的匹配，提升用户体验；而知识型众包则需要在此基础上进一步考虑一系列技术问题。首先，需要考虑如何筛选众包任务。由于知识型众包往往需要完成大规模任务，如对知识图谱的全局清洗和融合等，因此经费开销的总额比较大，需要精挑细选出预计收益最大的众包任务。其次，需要对参与的工人做适当筛选。由于工人多样性强和任务完成质量的影响面大等特点，参与任务的工人素质的优劣直接决定了任务的完成度。最后，良好的工作流设计关系到任务完成的质量。如何设计众包任务、如何激励用户以及如何控制任务完成的质量都是知识型众包的关键。

目前，已有不少成功的知识型众包的应用和平台。reCAPTCHA是由卡耐基梅隆大学开发的一套验证码系统，它在人们输入验证码的同时，借助人类大脑对古旧书籍中难以被OCR识别的字符进行辨别。每次在reCAPTCHA系统中会出现两个机器难以自动识别的单词，其中一个系统已经知道答案，而另一个则交由用户识别。该系统已用于识别纽约时报和Google图书扫描文本中难以识别的单词。

ImageNet是一个大型图片标注项目。它借助众包的力量对超过1400万张图片进行了语义标注，它的标注结果已成为许多图像识别应用的训练数据。另外，维基百科也是一个广义上的知识型众包系统（平台），它是一个向全互联网开放的百科系统，已经可以支持超过285种语言，大众可以在上面对任何词条进行编辑，但编辑内容通过审核后才能正式在网站上发布。维基百科也由于其词条的权威性和内容组织的高度结构化成为自然语言处理和知识工程研究的基础数据来源。

# 6.3　知识型众包研究的问题

知识型众包平台需要研究具体技术问题，以获得众包的最佳收益。总体来说，知识型众包平台需要考虑的问题可以总结为三个单词：What（对什么任务进行众包）、Whom（将任务交予谁完成）和How（如何完成众包）。本节将就这些具体技术问题展开讨论，介绍已提出的解决方法并分析其利弊。

## 6.3.1　What（对什么任务进行众包）

一般而言，需要精心挑选具有最佳收益的一批问题交予众包平台。挑选的原则有如下两条。

（1）挑选最重要的任务。虽然众包单个任务的花费很少，但知识型任务往往需要将大量的小型任务拼接在一起，比如，数据标注通常要达到一定的数量才能获得合适的训练数据集。知识图谱的融合和清洗也往往面临知识图谱规模超大等问题，这造成整体开销十分巨大。另一方面，数据源的异构以及样本分布不均衡往往导致知识图谱构建的结果质量不一。因此，挑选最重要的任务进行众包是必要的。这里的"重要性"一方面由领域专家定性选择，另一方面用一些指标进行量化度量。

（2）挑选机器最不擅长而人最擅长的任务。显然，人机智能是有着显著差异的。比如，人擅长理解常识，而机器不擅长；人擅长理解似是而非的事实，而机器擅长处理精确的知识；人擅长理解概念性、框架性的元知识，而机器在这一方面的能力仍然十分有限。因此，在知识众包的过程中，通常要将这些人擅长而机器不擅长的工作交给人类，这样才能最大化人工干预的效益。目前这方面的研究工作还不多，但是在很多实际落地的应用中已经有意无意地在基于这些原则开展相关工作。

本节将主要针对如何挑选重要任务展开论述。在单个知识的构建和清洗方面，已经有不少研究工作值得借鉴。最常见的需要挑选任务的众包应用是实体对齐，这也是知识图谱构建和精化中最主要、最难的问题之一。Li等人提出利用实体匹配的传递性原则来合理调度交予众包平台的实体匹配的顺序。该团队后来又提出了建立实体对之间的偏序关系来节省众包开销，并在此基础上开发了HIKE系统。Marcus等人在论文中提出利用众包进行排序和Join操作，研究其中众包任务的选取和优化问题。Zhang等人在论文中提出利用众包实现模式匹配，根据机器前期获得模式匹配的先验概率决定选取哪些匹配任务交予众包平台。

在构建知识图谱的过程中，实体识别、关系抽取等自然语言处理技术往往只能提供带有一定置信度的结果，因此节点之间的关系可以建模为不确定边，整张图可以建模为不确定图（Uncertain Graph）。众包可以帮助清洗不确定图，最简单的方法是将不确定性最强（即概率最接近0.5）的边交予众包平台清洗，让人判断该边是否存在。然而这种做法是任务无关的，很容易出现众包清洗的边并非用户关心的内容的情况，因此，Lin等人提出了一种查询任务导向的不确定知识图谱的概率清洗方法。

该方法的核心在于度量消除某条边的不确定性能够给查询任务带来多大程度的收益，显然应将收益最大的边优先交予众包平台。

熵显然是衡量不确定性的最典型的方法。假设查询结果为"是"的置信度是R，则结果的质量为：

$$Q=-R \times \lg(R)-(1-R) \times \lg(1-R) \tag{6-1}$$

显然，熵越大代表答案不确定性越强，结果质量越差。对于前面查询的结果，其熵为$\lg 2 \approx 0.3$。为了提升结果质量，需要借助众包将某些边的概率修正为明确的0或者1（即这条关系是否存在）。通过对单条边的修正，达到结果质量的提升。由于不可能将知识图谱中所有的边交予众包平台修正（代价太大），因此需要挑选能最大程度提升结果质量的边交予众包平台。

在将某条边成立与否的问题抛给众包平台之前，系统也无法预知众包平台会返回0还是1，只能假设返回1的概率与原先边上的置信度相同（$p_e$）。假设众包对边e=（s，k）进行证实的结果为成立（对应于将其概率修正为1），那么，将会得到一张新图，在这张新图上，查询结果为"是"的概率调整为了$R_1$，根据公式（6-1）可以算出新的结果质量$Q_1$（$R_1=1 \times 0.8=0.8$，$Q_1=-0.8\lg 0.8-0.2\lg 0.2 \approx 0.21$，显然熵值下降，也就是不确定性减弱）。同理，若众包返回的概率是0，则有新的结果质量$Q_0$，新的结果质量的期望值为：

$$Q'(e)=(1-P_e) \times Q_0+P_e \times Q_1 \tag{6-2}$$

则结果质量提升量的期望值为：

$$\Delta Q(e)=Q-Q'(e) \tag{6-3}$$

在以上假设的模型下，将结果质量提升量期望值最大的边交予众包平台清洗显然是合理的，也就是找到使$\Delta Q(e)$最大的边e交予众包平台。显然不同的查询需要众包不同的边，因此在实际计算$\Delta Q(e)$时还需要综合考虑不同查询对于评估的影响，从而更为客观地评估众包某条边对于不同查询的综合收益。

## 6.3.2　Whom（将任务交予谁完成）

众包任务有两种不同的发包方式：被动众包和主动众包。被动众包是指发包方将任务挂在众包平台上，由工人来认领任务并完成，发包方不对工人做过多选择，最多设计一套测试方法来验证工人的资格。而主动众包则是由发包方通过一系列算法精心挑选工人实现任务的分配。当前大规模的众包平台，如亚马逊的Mechanical Turk、阿里众包等，均采用被动众包的方式分配任务，因为其上的大部分任务的完成门槛较低，且平台用户数量庞大，难以筛选。在某些质量攸关且所需工人又不多的特殊任务中，需要采用主动众包的方式，对工人精挑细选，如项目评审、代码众包等。这也成为这类众包任务的第一道质量控制程序。

目前研究较多的是主动众包，尤其是众包过程中工人与任务的匹配度计算问题。这一问题类似于商品推荐系统中用户与商品的匹配度计算问题。Zheng等人提出基于向量的工人匹配算法，该算法将所有任务分为13个领域，如体育、财经等，然后根据工人以往的任务完成情况为他们计算出每个领域的得分，再抽取出任务描述中的实体，计算出任务的每个领域得分，最后利用这些得分计算出工人与任务的匹配度，并据此排序挑选工人。

此外，Maridis等人提出使用技能树对工人的技能建模，当新的任务来临时，将任务与工人都对应到技能树上的某个节点，利用该树计算任务与工人之间的距离并将其转换为匹配度。技能树表达了技能之间的层级关系。在该树上，技能（节点）越深，则该技能的专业程度越高。

以上两种方法在实际应用中各有缺点。基于向量的方法需要对任务领域做事先划分，难以适应任务的动态扩展，比如，扩展到新领域；另外，该方法对于划分领域的粒度也较难设定，太粗和太细都会造成计算得到的匹配度不准确。而技能树方法在构建过程中可能无法真实反映现实世界中技能的分布，比如，"门球"和"篮球"虽然都属于体育运动，但喜欢和熟悉它们的人群可能完全无交集，篮球迷对门球运动可能一窍不通。如针对知识图谱构建这样复杂的任务，相关子任务间交叉纷繁，无法用一棵层级关系明确的树来建模技能和知识，这时可以考虑树图结合的方式，这样既考虑了技能和知识的分类体系，又考虑了分类之间可能存在的交叉关系。

与推荐系统一样，主动众包中的一个重要问题是冷启动问题，即新加入的工人由于没有什么历史表现，无法对其进行准确的建模。Mo等人提出采用迁移学习的方法将工人在某一领域的经验迁移到数据稀缺的领域，比如，对"口红"熟悉的工人也许对"高跟鞋"也熟悉，因此可以将工人对"口红"相关问题的回答迁移到其对"高跟鞋"相关问题的回答中。这种方法在一定程度上解决了冷启动问题，显然也可以应用于知识图谱的众包构建。

### 6.3.3 How（如何完成众包）

早期的众包过程比较程式化，整个过程包括任务发布、任务领取、任务验证和交付报酬。然而最近的研究表明适当调整众包过程，能够使任务的参与度和完成质量都大大提高。这里的调整包括：如何设计任务、如何激励工人和如何控制质量。

#### 6.3.3.1  如何设计任务

从工人的视角来看，众包任务可以分为显式众包和隐式众包。显式众包是指工人在完成众包任务时知晓自己正在完成众包任务，而隐式众包是指工人在不知不觉中完成众包任务。

现在大多数众包平台采用的是显式众包的方式，工人完成任务也主要是为了获得金钱报酬。显式众包领域有一些公认的设计原则，介绍如下。

（1）偏好更小的任务。众包平台人员的组织与参与都比较随意，工人往往利用闲暇时间完成众包任务，不希望在单个任务上消耗太多时间。

（2）判断题优于选择题，选择题优于填空题。这是由于判断题可选答案的空间最小，而填空题答案的空间最大，工人更偏好答案空间小的简单任务。

（3）工人不喜欢有大量交互合作的任务，这和简单任务更受青睐的原则一致。

然而最新的一些研究也表明，在一些特殊任务中，选择题可能也会优于判断题。Verroios等人指出，一道选择题的结果需要结合多道判断题的结果才可以得到，使用选择题可以付出更小的代价完成任务。因此，对于较容易的任务，用选择题代替判断题，而只有在难度较大的部分才采用判断题的形式，使资源分配更合理。

隐式众包是比较巧妙的众包方式，这一类众包通常为用户（工人）设计了两个任务，第一任务是游戏或者带有实际应用价值的任务，第二任务才是众包任务，用户在集中精力完成第一任务时，会不知不觉地完成众包任务。常识知识一直以来是知识工程中难以获取的知识，卡耐基梅隆大学的Luis Von Ann教授设计了一种类似于"心有灵犀"的网络游戏，来尽可能多地收集优质的常识知识。这个游戏需要两名用户同时参与，游戏将一个实体展现给其中一个用户（称为Narrator，"叙述者"），叙述者输入关于这个实体的描述，让另一个用户（称为Guesser，"猜者"）猜测描述所提示的实体，在相同时间内猜出更多实体的用户可以获得奖励。为了使队友更快地猜出实体，叙述者常常会输入更加接近常识的描述，因此通过这个游戏可以收集到质量很高的常识知识。

另一个隐式众包给出了一种视觉焦点标注的方法。所谓的视觉焦点是指，在人看到一张图片时，目光最先注意到的部分。捕获视觉焦点有利于理解图片的语义。该方法将许多图片缩小后通过手机发送给用户，用户为了看清图片上他最关心的内容，会用两根手指拉大屏幕，而根据人手指的触摸点可以推断出用户真正的视觉焦点。

从上面的例子可以看到，隐式众包可以以更小的代价完成任务，而且结果质量更高。隐式众包也存在如下的一些设计原则。

（1）众包任务往往是在无意识间发出和完成的，工人下意识做出的决定往往比有意识地完成任务准确性更高。因此，让工人聚焦于第一任务而无意识地完成第二任务是隐式众包的核心思想。

（2）工人即用户，在隐式众包中工人既是服务（第一任务）的受用方，又是众包任务（第二任务）的完成者，因此做界面设计时既要考虑工人完成任务的便利性，又要考虑工人作为用户的体验。

（3）第一任务的设计更重要，必须切合工人（用户）的基本需求。如果第一任务无法吸引工人使用，第二任务的完成便无从谈起。

### 6.3.3.2　如何激励工人

目前众包系统常用的激励机制有以下四种。

名誉度。这就像游戏中的等级制度，是一种虚拟的奖励，在有些系统中，某些等级就代表某种特权

快感。这是基于游戏的隐式众包常常采用的激励机制，让工人从游戏中获得快感，同时完成众包任务。

金钱激励。这也是目前众包平台中采用得最多的激励机制。

社交影响。利用社交需求激励工人参与众包任务，并让其在社交网络中受到关注。

其中金钱激励和社交影响是学术界研究的焦点。金钱激励机制分为以下三类。

静态奖励。每个工人完成每个任务后收到的金钱奖励的数量一致，与他们完成任务的质量和所花费的时间无关。这是目前最常用也是最简单的金钱激励方式。

动态奖励。有研究发现，在任务执行的不同阶段给予不同金额的奖励会产生更好的效果，这也是目前经济学领域研究得较多的方式。

条件奖励。只有工人按时且保质地完成了任务，才会发放奖励。比如，只有工人的答案和大多数其他工人的答案吻合，才会发放奖励。另外，Rokicki等人提出利用团队竞争的方式提升众包效率。

在交网络可以分为强连接网络和弱连接网络。强连接网络指的是网络中的人在线上和线下都互相认识且交往。典型的强连接网络包括微信、Facebook等。在弱连接网络中，用户之间的社交关系通常在线上和线下是分开的，网友之间互相不知道对方线下的身份。典型的弱连接网络包括百度贴吧、论坛等。而新浪微博和Twitter介于二者之间。有研究发现，对于知识型众包任务，弱连接网络有较好的推广和促进作用，而强连接网络的推广和促进作用较小。这是因为通常众包任务的回报并不高，工人往往不希望生活中真正的朋友知晓其正在完成众包任务，而弱连接网络既能让其在虚拟社交空间中分享众包心得，又无与现实联系之忧，因此更受众包工人

的欢迎。

综上所述，适当的激励机制可以更有效地激发工人的能动性，使其提供更高质量的答案。为了达到更好的效果，可混合使用以上的激励机制。比如，在任务开始阶段，使用强连接网络和金钱激励吸引大量工人注意到此任务；在有足够多的工人参与后，可以构建弱连接网络，并采用名誉度等虚拟激励机制以节省开销。

### 6.3.3.3　如何控制质量

知识型众包最大的问题之一就是质量控制，因为发包方也没有任务的标准答案，只能凭借工人返回的结果推断出真实的答案，而工人的素质和水平又参差不齐，所以质量控制就成了很难的问题。目前，众包质量控制方法根据众包前中后三个阶段分为如下三类。

（1）众包前的质量控制，主要是在任务发包之前制定好任务设计策略和激励分配策略。

（2）众包过程中的质量控制，是指在众包过程中通过设计一些精细的过程提升众包任务完成的质量。

（3）众包后的质量控制，是指在获得工人返回的答案后综合推断出真实的结果。

众包过程中的质量控制的目的是防止众包工人不认真完成任务而出现质量问题。采用回溯法剔除只为获得奖励而胡乱完成任务的工人，它会在任务中不定时地向工人提出"前一道任务中的关键词是什么"这一类问题。此外，有许多应用会在任务中插入一些已经知道标准答案的任务，若工人在这些任务上返回了一定量的错误结果，其就会被剔除。

众包后的质量控制是目前研究最多的领域，主要关注从众多众包答案中推断出真实的结果。具体来说，就是将同一任务同时发给多个工人，得到冗余结果，再根据一系列概率模型计算、推断出真实的结果。众数投票是应用得最广泛的结果聚合方法，它将结果中出现最多的答案当作最终结果。

为了获得更加准确的聚合结果，一些学者提出从众包任务中噪声来源的角度（例如，标注者的投入程度、标注者的专业程度、标注者潜意识的正确与否和标注任务本身的难度）出发，对标注结果进行质量评估后再进行聚合。

## 6.4　基于众包的知识图谱构建与精化

构建与精化知识图谱的过程中有三个阶段是最需要引入人工的：知识图谱模式构建或本体构建阶段、知识图谱构建阶段、知识图谱精化阶段。表6-1总结了几个利用众包实现知识图谱构建的代表性系统。下面将分别着重介绍上述三个阶段中众包的工作与贡献。

表6-1　利用众包实现知识图谱构建的代表性系统

| 平台名称 | 主要特点 | 发生阶段 |
|---|---|---|
| Wikidata | 利用在线社区吸引用户 | 本体构建 |
| Freebase | 众包加知识融合 | 本体构建 |
| OntoPronto | 游戏众包 | 本体构建 |
| Inpho | 构建概念层级 | 本体构建 |
| HIGGINS | 三元组抽取 | 知识图谱构建 |
| HIKE | 实体对齐 | 知识图谱构建 |
| VCode | 利用验证码补全知识 | 知识图谱精化 |

## 6.4.1　本体构建阶段的人工介入

在知识图谱构建之初，本体设计是不可或缺的环节，构建好本体后，再从数据中抽取实例挂接到概念之下。实例之间可以继承本体中对应的概念与概念之间的关系。因此，本体构建的准确性和覆盖度对整个知识图谱的构建而言至关重要。

有许多著名的大型项目采用众包方式实现本体构建Wikidata是维基百科的姊妹项目，其也以在线社区的方式吸引互联网用户贡献知识。与维基百科不同的是，Wikidata最终呈现的数据形态是结构化数据。它的目标是提供一个准确的、实时更新的百科类知识库。Freebase也是一个通过众包完成的知识库，同时它还集成了其他外部数据，如百科数据等。众包在以上的本体工程中的主要贡献在于定义知识类型、概念层级和关系元数据，以及添加标签和其他元数据等。

除了这些大型项目，本体工程领域还有不少利用众包的例子。Noy尝试使用众包代替专家构建本体工程，它聚焦于本体构建中的一个难点任务：isA关系验证。实验证明，众包能在该任务上达到90%的准确率，这在一定程度上弥补了专家贵而少的不足。

InPho系统是一个利用众包完成的概念层级体系。它首先依靠一个由领域专家组成的社区完成基本概念框架的搭建，然后提供众包任务来判定这些概念之间的关系是否准确。

游戏众包是本体构建中一种常用的方式，它设计游戏，让用户在无意间把知识贡献出来并完善本体。OntoPronto就是一种概念建模的游戏众包，它有单人和双人两种模式，双人模式是该游戏的特点。它首先将维基百科中某个词条的一段话或者一张图片贴出来，询问两名用户（玩家）这个词条指的是一个实体还是一个类型，只有两名用户的答案一致才可以得分。该游戏的后端设计了一系列机制来验证用户的答案。

### 6.4.2 知识图谱构建阶段的人工介入

完成本体设计后，需要用自动化的手段从大规模文本中抽取相关知识。在知识获取方面，由于人类拥有远胜于机器的认知能力，因此在以下方面更有优势：从非结构化的自然语言中抽取出三元组，以及对齐异构数据源中的实体。因此，本节主要介绍众包在这两个方面的研究工作。

#### 6.4.2.1 三元组抽取

目前的三元组抽取基本上采用两种方式：基于规则的方法和基于机器学习的方法。无论使用哪一种方法，都不可避免地会产生一定的错误。比如，对于"不同于《如懿传》，《延禧攻略》是一部由东阳欢娱影视公司于2018年出品的古装宫廷剧"这句话，无论使用基于规则的方法还是基于机器学习的方法，都极容易遗漏正确的三元组（<东阳欢娱影视公司，出品，《延禧攻略》>），或挖掘出错误的三元组（<东阳欢娱影视公司，出品，《如懿传》>）而这个任务对于人来说十分容易。由于构建知识图谱所要处理的文本规模十分庞大，完全通过众包完成将会产生巨大的开销，因此最合理的方式是采用人机结合的方式，先由机器利用自动化信息抽取方法（如OpenIE）获得候选三元组，然后将不确定的三元组抛给众包工人来判断。

Kondreddi等人在2013年提出了HIGGINS系统，其就是采用人机结合的方式实现三元组抽取的。

信息提取引擎的作用是：

识别文本中的实体（从名词短语中过滤）。

抽取实体之间的关系（从动词短语中过滤）组成三元组。

删除置信度低的三元组。

而众包引擎的作用是：

生成问题。将与三元组相关的上下文融入问题中，并生成选择题的题目。

生成答案。生成选择题的候选答案。

之所以采用选择题的方式进行众包，是为了防止开放性问题造成众包答案五花八门而难以统一。

#### 6.4.2.2 实体对齐

实体对齐是知识型众包中最常见的任务之一，它是一项典型的人擅长而机器不容易准确完成的任务。比如，人可以很容易地把"苹果iPad4"和"苹果平板电脑4代"对应起来，而机器却不容易做到。这是因为：

互联网中新的实体层出不穷，训练集很难覆盖这些新实体。

实体的结构复杂、不规范，因此很难用规则模板来适配。

实体表述一般较短，需要结合上下文来判断和识别。而人脑由于有更强大的认知能力和更丰富的常识储备，所以可以非常轻松、准确地完成实体对齐任务。

目前的研究大多集中在如何调整众包顺序，以降低众包任务花费的时间与金钱开销。

真实的实体对齐场景可能需要将两个千万数量级别的实体集合做对齐操作，如果不加过滤，将所有实体对交予众包平台，将会产生实体数平方级别的开销。采用实体分块将疑似相同的实体分在同一块，这样跨块的实体就没有必要再对齐，从而大大降低了众包的开销。然而，即使在同一块中，仍然有很多实体对，所以需要在实体对间排一个偏序，表明某些实体对比另一些实体对更有可能匹配，因此只需要通过众包判断其中一些实体对是否真的指代相同实体，就可以利用偏序传导性推断其他实体对是否匹配，从而降低众包开销。

## 6.4.3　知识图谱精化阶段的人工介入

在知识图谱的精化过程中引入众包，可以提高基于数据驱动的知识图谱构建过程的准确度和覆盖度。某些知识图谱中的错误或者缺失，可以借助用户在应用后的反馈来完成。比如，若用户无法回答某个问题，可以以此推导出某条知识的缺失。知识图谱精化可以分为知识补全和纠错。在知识补全方面，众包化的常识补全和基于验证码的补全具有一定的代表性，下面分别展开介绍。

Cyc是一个利用众包完成常识知识收集的大型项目，而常识知识往往被认为是现有知识图谱严重缺乏的知识。Cyc创建于20世纪80年代，创始人雇用了一个工程师和哲学家团队，构建了一个涵盖所有人类知识类别的基础本体，并达到了一定的细化等级，还开发了一个基于该本体的知识库，收集了2500万条常识知识。到目前为止，Cyc已经收集了超过150万个词条。

OpenMind是另一个基于众包的常识知识收集项目，它是由麻省理工学院于1999年发起的，其底层是一个被称为ConceptNet的语义网络。发起者构建了一个众包网站，鼓励世界各地的志愿者贡献诸如"天是蓝的""鸟会飞""桌子有四条腿"之类的知识。这些知识以自然语言的形式提供，然后被加工成计算机系统能使用的形式。从众包网站的交互界面来看，最初允许互联网用户输入自然语言，而为了方便处理知识，如今只提供结构化的填空式输入。另外，它也采用游戏的方式收集常识知识。无论Cyc还是OpenMind，都采用随机众包的方式，即工人想到什么知识就输入什么知识，其并不是从上层应用出发的。因为在随机众包中，工人（用户）想到什么知识就输入什么知识，所以由此贡献的知识是大部分人都容易想到的知识，而一些生僻的知识却难以收集。因此，由此方法构建的知识库难以覆盖长尾知识，覆盖度不高，难以支持上层的智能应用。

除此之外，使用验证码也可以实现众包式的知识补全。由于验证码可以部署在重要的互联网服务上供大量用户使用，所以它可以以很低的成本获取大量的用户反馈。一般而言，在使用验证码提供众包任务时，会有小概率提出一些连验证码提供商也不知道答案的问题让用户回答（此时验证码不用于验证用户的合法性）。这样便可以收集用户对于这些问题的答案。

因此，可以使用验证码众包验证知识图谱中的可疑知识——只需要提出一个与知识相关的问题，让用户根据其拥有的知识回答即可。然而，用户未必熟知知识图谱中的每条知识，因此还需要在提出问题的同时给用户一些提示。中文知识图谱CN-DBpedia使用了一种问答式验证码。该验证码除了给出一个问题让用户回答外，还提供了一句含有问题答案的句子，并要求用户在句子中点击属于答案的单词。

验证平台通过在语料中搜索包含三元组的相关文本，可以构造问题的提示，再通过自然语言问题生成技术构造问题。如果大部分用户都会选择Michael或者Jackson来通过验证，就说明这条"知识"很可能是事实。该验证码用于CN-DBpedia的知识补全，并取得了较好的效果，其对约1000条可疑的知识进行了验证，验证结果达到了98%的准确率。随着时间的推移，其很容易对更多的知识进行验证。

对于知识图谱的纠错，Google最早也采用了众包方式：利用众包方式使工人在其网站上显式地指出错误，并由后台的审核人员进一步审核。而其他知识图谱的提供商由于没有太大的访问流量，因此需要先由机器定位疑似出错的知识，再将这些知识交予众包平台纠错。给定关于错误知识的评价标准，机器不难找出可疑的错误知识。因此，众包纠错的关键在于评估知识错误的可能性。这其实是整个知识图谱构建的核心问题之一。

# 第7章 知识图谱的质量监控

## 7.1 概述

不论是通用领域还是垂直领域，知识图谱的构建都力求做到自动化，即尽量少用人力，尽量依靠机器自动完成。一方面，自动化构建知识图谱可以提升构建的效率，大大降低时间成本和人力成本；但另一方面，其不可避免地会引入一些质量问题。如果说知识图谱的自动化构建是知识图谱应用落地的基本前提，那么知识图谱的质量控制则是知识图谱应用落地效果的根本保障。知识图谱质量控制的首要问题是知识质量评估。接下来，我们首先介绍知识图谱质量评估的维度与方法。

### 7.1.1 知识图谱质量评估的维度

知识图谱质量评估的考察对象涉及知识图谱的方方面面，具体来说包括概念、实体、属性这三类个体对象，以及概念之间的关系、概念与实体之间的关系、实体之间的关系等三类关系。知识图谱质量评估一般考虑四个维度，即准确性、一致性、完整性和时效性。

准确性（Accuracy）：主要考察知识图谱中各类知识的准确程度。图谱知识的高准确性是知识图谱得以有效应用的前提。然而，由于数据源中原始数据的错误以及知识获取过程中发生的难以避免的出误，最终的知识图谱中往往会有错误。对于知识图谱准确性的评估，目前比较通用的办法还是通过与黄金标准数据自动比对或者由领域专家抽样检查比对进行判断。

一致性（Consistency）：主要考察知识图谱中的知识表达是否一致，即知识图谱中是否存在互相矛盾的知识。比如，已知A和B为大学同学，而且A就读的大学是X（A），B就读的大学是X（B）。如果X（A）和X（B）并非同一实体，则此处必存在错误，可能是A和B之间的关系有误，也可能是A或B所就读的大学这一属性值有误。对于一致性，一般不会设置量化指标。检查一致性的目标是希望消除所有知识不一致的情况。

完整性（Integrity）：主要考察知识图谱对某领域知识的覆盖程度。绝对"完整"的知识图谱，其现有知识（或基于现有知识进行推理可得的知识）应覆盖相关领域中的所有知识。然而，完整性在大部分实际应用中是一个相对的概念，大多数领域并非绝对封闭，所以知识图谱中的知识很难绝对完整。知识图谱的完整性可通过专家抽样检查进行评估，或通过对比某实体是否具备其同类实体的常见属性和关系来判定该实体的相关知识是否完整。

时效性（Freshness）：时效性可以看作准确性的一个子维度，但它侧重于考察知识图谱中的知识是否为最新知识。知识是动态变化的，比如，时任美国总统是谁、明星的婚姻状况、每个人的年龄和工作单位等信息都会随着时间的变化而变化。过期的知识也是一种错误，会对实时性要求较高的应用带来显著问题。比如，在特朗普当选美国总统之后，提到他的新闻就应该是与政治强相关的，而其之前的新闻则是与企业家强相关的。

高质量的知识图谱需要在知识的各个维度上都满足较高的要求。那么对于给定的知识图谱，如何对其进行质量评估呢？接下来介绍常见的知识图谱质量评估方法。

### 7.1.2 知识图谱质量评估的方法

知识图谱的质量评估旨在对知识图谱中知识的质量进行量化。根据量化评估的结果，保留置信度较高的知识，舍弃置信度较低的知识，从而有效确保知识图谱中知识的可靠性。常见的质量评估方法有以下几种。

人工抽样检测法：由领域专家进行抽样质量检测与评估。通常，人工检测与评估的准确度高，然而代价也相对较大。不同的应用场景对知识的准确度要求不同，这决定了人工抽检率也不同。比如，医疗场景对知识的准确度要求较高，应不惜成本采用大量人工对知识图谱进行逐条检测抽样检测的具体抽样方法也有多种，可以采取均匀随机采样法，即所有样本都有均等的被采样概率；也可以采取不均匀随机采样法，比如，按照实体的流行度（Popularity）进行优先采样，确保头部实体得以检验。

一致性检测法：通过专家预先制定的一致性检测规则检测知识图谱中的知识冲突，以发现知识质量问题。比如，给定规则"大学同学的毕业院校应该是同一所大学"和"一个人同一时间段只能有一名配偶"，如果检测发现"两位大学同学A和B的毕业院校不同"和"一个人C存在多名配偶"等问题，则需要检查是否有错误或存在过期知识。相对于人工抽样检测法而言，一致性检测法成本较低，但只能检测所定义类型的质量问题，且检测效果取决于一致性检测规则的优劣以及各知识图谱本身的知识冲突情况。

基于外部知识的对比评估法：使用与目标知识图谱有较高重合度的高质量外部知识源作为基准数据，对目标知识图谱进行质量检测。该方法的优点在于可以利用人工校对过的高质量基准知识对自动构建的含同类知识的知识图谱进行高效、准确的质量检测。比如，自动构建的概念图谱Probase就曾利用专家构建的WordNet对比检验，以此发现和校正其质量问题。然而，由于外部知识源的知识表达方式与目标知识图谱中的知识表达方式未必一致，因此该方法需要准确关联两方的知识才能进行对比评估。

还有一些相对体系化的知识图谱质量评估方法，根据用户提供的数据质量标准或者背景信息来进行质量评估。这类方法可能更适用于一些垂直领域的知识图谱，其中比较有影响力的是Mendes等人提出的基于LDIF框架（Linked Data Integration Framework）的知识质量评估方法。在此评价体系中，用户可根据业务需求来定义质量评估函数，或者通过对多种评估方法的综合考评来确定知识的最终质量评分。

## 7.1.3　知识图谱质量控制全周期概览

知识图谱的质量控制贯穿于知识图谱构建的全周期，涉及知识图谱构建前、中、后三个阶段的质量控制。构建前的质量控制主要在于对数据来源的质量控制，即对于获取知识的数据源头做质量评估与控制。如果不加控制，任由包含大量噪声的数据涌入知识图谱，则必将造成"garbage in，garbage out"的质量噩梦。构建中的质量控制主要是知识获取手段和知识融合阶段的质量控制。针对不同知识源，还需要采取不同的知识获取方法来获取知识。不同的知识获取方法的准确度不同，准确度低的方法会影响知识图谱中知识的质量。

为了尽量避免引入错误，需要对知识获取的方式进行质量控制与管理；而知识融合是对从各源头获取的知识进行融合、统一，涉及很多数据融合相关的质量问题，包括实体对齐、属性融合及值规范化。而知识图谱构建后的质量控制指的是在知识图谱完成初步构建后，对知识图谱的质量进行进一步的完善与常规维护。例如，补全缺失的知识，发现并纠正错误知识，发现并更新过期知识。

综上所述，知识图谱构建的各阶段都可能产生质量问题，虽然可以在构建完知识图谱以后再进行质量控制，但还是应该尽早对各阶段的质量问题进行及时的把控，减轻后面阶段质量维护的负担。下面分别简述三个阶段质量控制的主要工作。

### 7.1.3.1　知识图谱构建前的质量控制

知识图谱构建前的质量控制主要关注知识来源的质量。在新闻和传播领域很早就开始关注信息来源（信源）的可信度评估问题，并提出衡量信源可信度最关键的两个因素专业（Expertise）和可信赖（Trustworthiness）。"专业"衡量的是信源在某领域的专业性，而"可信赖"衡量的是信源所提供内容的可靠性。知识图谱中的知识来自各种各样的知识源（或数据源），最常见的如新闻媒体、知识库、数据库、互联网上的各类网站以及用户贡献的知识等。在知识图谱构建之初，如何对数据来源进行可信度评估，不仅是知识图谱构建的起点，更是重点所在。下面重点介绍互联网数据源的质量控制和众包质量控制。

互联网数据可粗略分为浅网（Surface Web）数据和深网（Deep Web）数据。浅网数据是指各类网站静态网页所包含的数据信息，而深网数据是隐藏在各类网站背后的网络数据库中的数据记录。

对于浅网数据，有学者通过网站网址的后缀评估网站可信度，他们认为：.mil（军事）>.int（国际组织，比如NATO）>.gov（政府）>.org（非营利组织等）>.edu（教育）>.com>.net。这一结果是基于大众对于网站信息的权威性、真实性和可靠性进行排序而得到的。例如，.edu后缀的网站较.com后缀的网站更可靠，即相对于公司发布的信息，大众更愿意相信教育机构发布的信息，这是因为教育机构比公司更具公益性质。

然而，仅根据网站网址的后缀进行可信度评估粒度较粗，而以网页为基本单元开展可信度评估则更为合理。通常，网页信息可信度评估指标体系会从来源权威性、内容重要性和网页重要性等角度来评估可信度。每类评估指标都有特定的评估方法，比如，网页重要性可以根据网页之间的链接结构使用PageRank或Random Walk算法进行评估。类似的，深网中各网络数据库之间的数据记录也可以通过数据记录间的匹配与关联形成网络，之后可以利用PageRank等算法来评估各条数据记录的可信度。

对于众包知识的可信度评估，比较粗粒度的方法是只评估众包工人的可信度，然后直接将众包工人的可信度赋予其所提供的知识的可信度。同一众包工人在不同领域或不同类型的任务上有不同的可信度，这方面的研究工作较多，大多根据众包工人的历史表现从不同角度或维度评估。更细粒度的方法是通过让多个众包工人完成同一知识任务，之后对结果进行比对从而判定所产生知识的可信度。

### 7.1.3.2　知识图谱构建中的质量控制

知识图谱的构建过程需要不断从各种知识源获取知识。知识源不同，获取知识的手段不同，所需的质量控制方法也不同。常见的自动化知识获取技术主要包括基于模式（Pattern）的知识获取技术和基于机器学习模型的知识获取技术。下面分别介绍这两种技术可能产生的质量问题以及如何应对。

基于模式的知识获取可以使用专家给定的高质量模式从文本中获取构建知识图谱所需的实体之间的关系实例、实体与概念之间的上下位关系实例，以及实体的属性值；也有些迭代式抽取方法会通过已有的种子实例从文本中发现和学习可用的模式，再利用这些模式抽取新的实例。由于文本表达的随意性和不规范性，基于模式的自动抽取往往会发生抽取错误，其中最常见、危害性最大的错误当数迭代式抽取中发生的"语义漂移"问题。

语义漂移，也称概念转移，即在基于模式的迭代式抽取过程中由于上一轮发生抽取错误而引入其他语义类中的实体或跨语义类的多义实体，这导致后续轮次所抽取实例的语义类与目标语义类相距甚远。

研究人员提出了一系列应对模式抽取错误和迭代抽取中的语义漂移问题的方法。最典型的传统方法包括实体类型检查法（Type Checking）和基于语义类互斥假设的判定法。实体类型检测法使用NLP工具检测实体类型，根据这一类型与抽取出的概念是否矛盾来判定所获取的概念是否正确。该方法的思想是：一个实例不应该属于互斥的两个概念或类别。比如，如果实体的类型被判定为"机构"，但抽取出的概念却是"艺术家"，显然两者是矛盾的，这就提示我们当前的抽取结果可能是错误的。再比如，如果"柏拉图"的类型被判定为"人物"，其类型与抽取出的概念"唯心主义哲学家"和"哲学家"是不矛盾的，则可认定这些概念是正确的。

该方法在一些公开数据集上能达到90%以上的准确率，但也存在一定的局限性。一方面，它依赖于NLP实体类型检测工具；另一方面，它无法发现同一粗类型下的概念错误，比如，如果抽取出"柏拉图"的一个错误概念"电影演员"，但由于"电影演员"与"人物"并不矛盾，所以该方法无法发现这一错误，因此其召回率较低。

还有一些方法会对每一个抽取到的实例或学习到的模式做质量评估，给出置信度，然后根据置信度对模式或抽取结果进行取舍。实例或模式的置信度计算多采用启发式方法，会综合考虑实例被语义模式抽到的频率、模式被种子集合中的种子支持的程度，以及文本源本身的可信度等因素。更为普遍的方法是将实例和模式之间的关系建模成图，再利用随机游走等图算法计算图上的实例和模式的置信度。还有学者提出了通过发现"语义漂移发生点"来阻止语义漂移的想法。不同于传统方法关注发现抽取错误发生的位置，这一想法倾向于发现语义漂移发生的位置（即语义漂移发生点）。

基于机器学习模型的抽取质量取决于学习模型本身的质量。一个好的机器学习模型（这里主要针对基于监督学习的学习模型）需要大规模高质量的标注样本，需要设计合理的优化准则，以及需要选择合适的模型。这三者是使用机器学习模型解决问题的关键，在很多机器学习相关书籍与文献中对此都有深入的论述。

在知识图谱相关研究与落地过程中，样本标注既是构建知识图谱的关键前提，也是知识图谱给很多NLP模型带来的机遇。为了构建有效的信息抽取模型，在知识图谱领域倾向于利用远程监督学习，通过将知识库中的结构化信息与自由文本进行比对来自动生成标注样本。但是远程监督学习生成的样本往往存在噪声，还需要对样本进行选择。在深度抽取模型中，常常借助类似注意力的机制来对样本进行区分。

此外，弱监督（Weakly Supervised）学习近期也受到了人们的强烈关注。所谓的弱监督学习是指利用外部知识库、模式/规则或其他分类器启发式地生成训练数据。目前主流的监督式机器学习方法通常需要领域专家标注大量的训练数据，代价极大。虽然有一些研究方法如（主动学习、半监督学习和迁移学习等）可以大大降低数据标注的需求量，然而一定量的训练数据仍然不可或缺。在这种情况下，除了让领域专家直接参与数据标注，还可以创建一些较为高级的机制，使专家以更高效的方式参与数据标注。

斯坦福AI实验室研究人员近年来研发的Snorke就是一个很典型的弱监督学习的框架。在Snorkel中，机器学习模型不使用手工标记的训练数据，而是要求用户编写标记函数（Labeling Function），用于标注数据。标记函数可以对任意信号进行编码：

模式、启发式规则、外部数据资源、来自群众工作者的嘈杂标签、弱分类器等。如果标注逻辑发生了变化，可以调整标记函数来快速适应。另外，Snorkel提出以概率图模型为主要手段从多个弱标注器自动习得一个强标注器。其基本假设是：弱标注往往是廉价的、大量的、结果较差的，但是如果将不同的若干弱标注模型集成，使其协同工作，则有可能得到更好的标注结果。Snorkel能够充分利用各类弱标注方式完成大规模样本的自动化高质量标注，其近期受到了广泛的关注。

### 7.1.3.3　知识图谱构建后的质量控制

知识图谱初步构建完成，并不意味着构建周期的结束。虽然在构建前和构建中有质量控制，但是因为知识图谱的构建往往遵循"先数量再质量"的策略，即"先构建到一定规模，再提高质量"这样一种妥协的策略，因此自动构建而成的知识图谱不可避免地存在各种质量问题，包括知识缺失、知识错误和知识过期等。因此，知识图谱构建后的质量控制是重点。其具体内容包括如下几点。

缺失知识的发现与补全：初步构建完的知识图谱往往会因为所采用的知识源对知识的覆盖不全而缺失大量相关知识，因此需要补全。缺失知识的类型不同，所采用的补全技术也截然不同。相较于概念和实体的缺失（这些往往是构建阶段的焦点），质量控制更关注属性（以及属性值）和关系的缺失。

错误知识的发现与纠正：不论在知识图谱构建过程中质量控制做得多么严格，一些错误的知识还是会因为各种原因被引入知识图谱中，为了避免这些错误给相关应用带来副作用，应尽可能地纠正这些错误。与概念相关的错误一般由专家手动整理，这样既可靠又高效。而与实体相关的错误不易发现，需要在构建过程中尽量避免。知识图谱迫切需要使用自动化或半自动化的方法来发现和纠正的错误主要集中在实体属性值错误和实体（概念）间关系错误上。例如，有些知识图谱中"苏格拉底"的"出生时间"为"公元前469年"，这是一个错误的属性值，而"亚里士多德"创办了"柏拉图学院"，则是一条错误的关系。

过期知识的更新：知识图谱中每条知识的时效性都不同。大部分国家的元首每过若干年都会换届，公众人物的婚姻状况和婚姻关系，上市公司的市值和股价等。因此，需要通过技术手段及时更新发生了变化的事实与知识。

值得注意的是，上述各种缺失、错误、过期知识检测均与众包构建密切相关，相关技术均可用于指导众包构建。基本思路是：尽量通过自动化检测的方法发现高度疑似的缺失、错误和过期知识，再请众包专家进行人工检验与排查。因此，自动化检测方法越精准，人力成本越低，效果越好。

# 7.2　缺失知识的发现与补全

本节重点介绍实体类型补全、实体间关系（或实体属性）补全，以及实体缺失属性值补全。需要特别说明的是：本节关注的这几个问题与前面相关章节中的类似问题，如实体识别、关系抽取、实体分类等任务，是有差别的。其差别在于：前者所关注问题的输入是文本，输出是实体、类别、关系等，而这里输入是知识图谱以及可选的外部数据源，输出是更多的类别和关系。通常充分利用已构建的知识图谱是本节方法的基本特点。

## 7.2.1　类型补全

实体类型补全是对知识图谱构建中遗漏的概念进行补全，其通常也被称为实体判型（Entity Typing）。在构建知识图谱的过程中会考虑如何从数据源获取实体与概念之间的isA关系，但这一过程不是专门针对特定实体来做的，而是从指定数据源尽力挖掘和获取大量的isA关系实例对。知识图谱构建后的质量控制环节关注为缺失概念的实体获取其相应的概念。

实体判型通常需要借助于实体知识图谱中已有的属性与关系信息，以及整个知识图谱的信息。此外，也可借助外部知识源来获取额外信息。根据所使用的技术路线来区分，常见的实体判型方法大致可以分为基于知识图谱信息的启发式概率模型和实体分类模型两类。下面分别介绍两类方法的大致思路。

### 7.2.1.1　基于知识图谱信息的启发式概率模型

这类方法主要通过考察知识图谱中与实体相关的信息来构建一些启发式现则或概率模型。一种比较经典的方法是基于三元组谓词的启发式实体判型方法SDType。该方法统计实体的可能谓词作为中间变量，推断一个实体具有某个类型的可能性。

给定的目标实体e通常出现在知识图谱的多个三元组中。首先考虑e为头实体的情况。在e为主体的三元组中存在多个谓词，每个谓词$r_i$又出现在多个其他三元组中，因此可以统计谓词为$r_i$的三元组中的头实体的类型分布。基于这些类型分布，再推断给定实体的类型分布。具体而言，实体e具有类型t的概率为：

$$P(e\,isA\,t) = \sum_{r_i \in R(e)} P_{r_i,t} \times con(r_i) \qquad (7\text{-}1)$$

其中，R（e）为以e为头实体的三元组谓词集合，$P_{r_i,t}$是一个谓词为$r_i$的三元组的头实体类型为t的概率，而conf（$r_i$）则是$r_i$的置信度，也就是加权时的权重。

SDType依赖于百科图谱中的三元组统计信息完成实体判型。另一些工作直接利用概念图谱进行实体类型补全。虽然概念图谱中缺乏丰富的实体谓词信息，但存在丰富的isA信息以及概念层级结构。比如，在Probase+中会利用协同过滤的思想补全上下位关系，其基本假设是：相似语义的元素倾向于在概念图谱中共享上位词/下位词。

### 7.2.1.2　实体分类模型

另一类方法将实体判型建模为分类问题。通过构建一个实体分类模型为每一个实体给出相应的概念标签。最初的实体分类模型期望挖掘知识图谱内部的信息作为分类特征，或综合外部知识源中可以获取的实体相关信息构建更丰富的特征。最常用的外部知识源是各种在线百科。很多工作都是在探讨如何根据在线百科信息判定实体类型，期望利用在线百科上的各类标签、摘要以及结构化与非结构化描述信息来训练分类模型，从而获得实体的细粒度类型。分类模型的训练方法根据情况可以选择普通的分类学习方法，如支持向量机（Support Vector Machine），但随着词向量表示学习和深度学习模型的发展，深度学习模型（如CNN）日益成为主流分类器，实体分类模型也进化为基于深度神经网络的分类模型。

首先借助TransE等表示学习方法将实体、关系（属性）等转换为向量化表示，然后通过外部语料获取更多实体相关的上下文信息，分类器通常采用CNN完成文本特征提取。对于粗粒度实体分类任务（即在概念为数不多时），基于深度学习的分类模型通常能够取得较为理想的分类效果。然而，对于细粒度实体分类任务（即在概念的类别较多、分类较细时），由于很多细粒度概念只有少量实例，深度学习模型往往会因为训练样本不足、数据过于稀疏而表现较差。为了应对数据稀疏的挑战，研究人员也提出了一些方案。比如，借鉴多任务联合训练的思想：对于每一种实体类型都构建一个基础分类器，用于判断当前实体是否属于该类型，并且所有的基础分类器都共享一个隐层进行联合训练，使模型能够习得对于多个实体类型分类器普遍有效的输入特征的组合，从而有效缓解部分实体类型中的数据稀疏问题。

## 7.2.2　关系补全

关系补全是对知识图谱中不完整的关系三元组（头实体，关系，尾实体）进行补全。其中，三元组头实体缺失的场景鲜有人研究，大部分的研究工作主要考虑的是关系或尾实体缺失的场景。关系补全是近年的研究热点，大量研究工作集中于此，其大致可分为：基于内部知识的关系补全和基于外部数据的关系补全。

### 7.2.2.1　基于内部知识的关系补全

基于知识图谱已有知识的推理进行关系补全受到了研究人员的广泛关注。相关的方法大体可以分为三类：第一类是概率图模型，如马尔可夫逻辑网络（Markov Logic Network）及其衍生方法；第二类是较为传统的路径排序算法（Path Ranking），即通过路径来预测实体间的潜在关系；第三类，也是当下最热门的主流方法，是基于表示学习的模型，即将实体和关系映射为空间中的向量，通过空间中向量的运算来推断缺失关系（如TransE）。下面分别展开介绍这三类方法的思想。

概率图模型的大致做法是，为知识图谱上的每一条候选知识附上一定的概率，用于衡量该候选知识的合理性，通过概率推理发现缺失关系。概率图模型用节点来表示变量，即知识图谱上的各条候选知识；用边来表示候选知识之间的关系，用于建模推理过程中使用的规则。在这里，概率主要经以下三种方式获得。

从文本提取器或分类器中获取的统计信息。

从领域知识得到的规则。

从数据中挖掘出的规律与模式。

基于概率图模型对知识图谱进行重构之后，可以得到用于表示知识图谱候选知识概率分布的概率图。基于此概率图对各候选知识进行可能性推理，从而达到知识图谱补全的目的。

传统的路径排序算法的基本思想是：用连接两个实体的路径作为特征，来预测两个实体间的关系。这类算法的学习阶段分为特征抽取、特征计算和构造分类器三个步骤。

假设我们需要判定"苏格拉底"的"出生地"是否为"雅典"，那么首先需要构建训练集。可以找出知识图谱中"出生地"这一关系的相关三元组作为正例，然后采用随机替换正例三元组中尾实体的方法来构造负例。接下来就是构造特征向量集合。将两个实体之间的一条路径作为一个特征向量，比如"苏格拉底"和"雅典"之间有一条路径为<苏格拉底，学生，柏拉图，出生地，雅典>。通过枚举任意两个实体之间所有符合设定条件的路径（比如，设定的条件是长度不超过给定阈值），可以构建该实体对的特征集合。通过特征集合获得特征值，之后便可以使用特征数据训练分类器。

路径排序算法中特征抽取的常用方法有随机游走（Random Walk）、广度优先搜索（Breadth-First Search）和深度优先搜索（Depth-First Search）等。特征值可以是随机游走概率（Random Walk Probability）、表达路径出现/不出现的0或1以及路径的出现频次等。路径排序算法的优点是可解释性强，而且可以从数据中自动发现关联规则，其准确率往往高于基于表示学习的方法。路径排序算法的缺点是很难处理关系稀疏的数据和低连通度的图，而且路径特征抽取的效率低且耗时。

基于表示学习的推理补全模型首先要在低维向量空间中对知识图谱中的实体和关系进行表示，表示形式包括向量、矩阵或张量形式。然后在每个知识条目上定义一个基于三元组的打分函数，用之前给定的知识表示形式作为参数，判断三元组或者事实成立的可能性。推理阶段较为简单，根据打分函数等内容进行推理。最初知识图谱中的知识表示用到的信息源主要是三元组信息，后来人们逐渐将更多的信息（如实体的类别、关系路径、实体的描述文本，以及简单的逻辑规则等）融入表示学习过程中，这样可以学到更为准确和全面的表示，从而提升推理补全任务的准确度。

基于表示学习的推理补全模型的优点在于比较通用，对关系和实体没有太多的限制，其对于某些方法来说效率非常高、操作性强。然而，单纯的数据驱动的方法其准确率有一定的限制。在此以比较经典的NTN（Neural Tensor Network）模型为例来阐述，该模型以知识图谱中的实体向量作为输入，对每一种关系都用一个张量神经网络来表示，每个张量神经网络需要使用该关系下的三元组作为正例，并生成一些不属于该关系的三元组作为负例来进行训练。经过训练后，对于一个待判断的实体对，某关系的张量神经网络可以给出一个得分，分数越高表明该实体对越有可能满足这一关系。我们把实体对输入所有已知关系的张量神经网络中，得分最高的关系即为实体对之间最可能存在的关系。

### 7.2.2.2　基于外部数据的关系补全

基于知识图谱内部知识推断出的知识是有限的，因此还需要从外部的开放世界，特别是在线百科、文本语料、结构化表格数据及搜索引擎的搜索结果等外部资源，对知识图谱进行补全。其中，在线百科（百度百科、维基百科等）所包含的信息不仅丰富且质量较高，其成为知识图谱补全最流行的外部数据源。

较为直接地使用外部数据的方法是，利用外部丰富的文本增强实体的表示以提高推断缺失关系的准确率。比如，一个基于在线百科三元组与相应文本的统一表示学习框架，将知识图谱中的三元组和相应的文本描述映射到同一向量表示空间（称为Belief Embedding Space）。

除了直接将外部信息投影到隐式的向量空间，还有一些显式利用外部信息的方法。比如，ConMask模型可以利用外部文本锁定缺失的相关实体。给定头实体和关系，该模型认为在一段有关头实体和其指定关系的描述文本中，所缺失的尾实体往往出现在关系指示词的附近，因此可以通过相似度计算先找到文本中的关系指示词，然后提高其附近词的权重，从而抽取出目标尾实体。

基于外部结构化表格数据的知识图谱补全，需要做好表格与知识图谱之间的匹配，即让表格的模式（Schema）与知识图谱中的概念、属性等相匹配。具体而言，需要建立知识图谱中的属性与表格列之间的对应关系，以及知识图谱中的实体、与表格行之间的对应关系；接着根据匹配结果将最可能的关系或者实体填入知识图谱存在缺失的三元组中的相应位置。

借助搜索引擎来补全知识图谱的方法也得到了一些关注。该方法首先发现关系的高频上下文词汇，并使用这些词汇定制搜索关键词，之后根据搜索结果填充缺失的关系。该方法的优点在于可以从整个互联网获取信息补全知识，然而这也容易引入互联网中的噪声。最近，伴随着机器阅读理解模型的快速进展，也有一些研究人员将关系补全问题转换成机器阅读理解问题，通过对搜索所得的相关文本进行理解与问答实现补全。

## 7.2.3　属性值补全

知识图谱中的属性值补全问题与关系型数据库领域经典的属性值补全问题很相似。因此，一个直接的想法是沿用关系型数据库领域的相关方法，但是二者仍然存在很多不同之处，在沿用关系型数据库领域的相关方法时须谨慎选择。

### 7.2.3.1　知识图谱属性值补全与关系型数据库属性值补全的差别

首先，关系型数据库是用来存放关系型结构化数据的，关系型数据库要求数据库的模式设计统一、严谨，但是数据库中数据本身的正确性对于数据库而言并不重要。与此截然不同的是，知识图谱存放的是人类公认的知识，它对模式是否统一、严谨往往要求并不严格，但对知识本身的质量却要求极高。因此，关系型数据库属性值补全方法中针对可计量类型数据（Quantifiable Data）的统计补全方法，如取平均值法、最大似然估计法等，在知识图谱中并不适用。比如，如果"亚里士多德"的"身高"缺失，不能简单地以人群的平均身高值来补全。而关系型数据库对不可计量类型数据（Non-quantifiable Data）的传统补全方法，则值得知识图谱借鉴。

另外，关系型数据库中的属性值缺失是显式的，即关系表中的空缺部分通常就是亟待填补的缺失属性值；而知识图谱中的属性值缺失是隐式的，即在知识图谱中一个实体的属性值都是与其对应的属性一同缺失的，因此无法直观地判定一个实体具体缺失了哪些属性和属性值。

综上，知识图谱的属性值补全需要发展有别于传统关系型数据库的全新方法。一般而言，首先需要发现知识图谱中实体的缺失属性，然后填补相应的缺失属性值。下面的内容会介绍这两方面的技术。

### 7.2.3.2　缺失属性的发现与补全

实体缺失属性的发现问题往往会被转化为概念（或实体类型）必有属性（Obligatory Property）的发现问题。如果已知一个概念的必有属性有哪些，而这一概念下的某一个实体并没有这些属性和对应的属性值，则可以判定实体缺失这些属性。比如，"上任年份"是"美国总统"这一概念的必有属性，如果实体"奥巴马"没有这一属性和对应的属性值，则可判定相应属性缺失。概念必有属性的发现可通过统计此概念下已有实体的属性分布情况来判定。比如，某概念下的所有实体拥有某属性A的比例超过一个给定阈值（如70%），则可判定属性A为该概念的必有属性。还有学者提出基于概念的层次结构和不同概念下实体的同一属性的分布密度来推断概念必有属性的方法。该方法假设知识库的不完全性在知识库的所有类中都是均匀分布的，如果一个属性A在某概念C下分布较密集，而在其他概念下分布较稀疏，则属性A很可能是概念C的必有属性。

此外，还有一些方法会基于一些特定假设来建立检查实体属性或属性值完整程度的判定机制。常见的判定规则包括如下几种。

属性的重要程度。该判定规则需要预先设定同一概念下不同属性的重要程度，其假设为：如果一个实体连相对次要的属性A2的属性值都完整具备，那么相对重要的属性A1的属性值应该不会缺失。如果在知识图谱中该实体拥有属性A2的完整三元组，却没有属性A1的三元组，则这一实体在真实世界中应该没有A1这一属性。

参考同一概念下的其他实体。这一判定规则类似于依靠概念必有属性来判断实体缺失属性的方法，即如果同一概念下大部分其他实体都具备某一属性，则该实体也应该具备该属性。

参考相似实体。这一判定规则需要预先获得实体间的相似关系，相似实体未必属于同一概念，但它们的属性应该有较高的重合度。如果某实体的所有相似实体都具有属性A，则该实体也应该具有属性A。

模式匹配。指定概念C和属性A，领域专家或用户可以列出一些模式，通过一个文本库中概念C下的某实体e与模式的匹配情况，来判断实体e是否具备属性A。比如，给定概念"人类"和属性"子女"，用户给出的模式可以包括p1="X has no children"，p2="Y1（and Y2）are all X's children"等，如果一个实体e在文本中匹配了模式p1，则判定e没有"子女"，但如果一个实体。在文本中匹配了模式p2，则判定e有"子女"。

属性值的部分完整性。还有一种属性为多值属性的特殊情况，即实体的一个属性对应多个属性值。假设属性A是某实体的一个多值属性，如果在知识图谱中该实体具有属性A的一个或一些属性值，那么该实体也往往同时具有属性A下对应的其他属性值。比如"浙江省"的"下属地级市"这一属性就是多值属性，如果知识图谱中已经有"杭州"和"宁波"，那么其他如"温州""金华"等九个地级市也应该已经在知识图谱中了。虽然这条假设并不总是正确的，但在实际应用中还是有一定的成立概率的。

如果通过以上方法判定某实体缺失某属性，接下来就需要补全该实体对应的这一属性的属性值。知识图谱中缺失属性值的补全方法大致分为：基于众包的补全法、基于搜索引擎的补全法和基于文本的补全法。

## 7.3 错误知识的发现与纠正

不论构建过程中的质量控制做得如何到位，自动化构建知识图谱还是会不可避免地产生一些错误知识。不纠正这些错误，知识图谱的质量将大打折扣，也会对应用产生负面影响。纠错的前提是发现错误。一旦发现错误的知识，就可以使用构建和补全知识图谱的相关方法对错误进行纠正。从海量知识图谱中发现错误显然是一个极具挑战的任务，因此本节关注错误的发现，特别是与实体相关的错误（因为与实体相关的知识占据知识图谱的绝大多数）的发现。在知识图谱中，实体的概念、实体间的关系、实体属性值均可能出错。

### 7.3.1 错误实体类型检测

对于知识图谱中错误实体类型的检测，在构建知识图谱的过程中也有所涉及。两者的不同之处在于，知识图谱构建后的错误实体类型检测是在知识图谱中的知识抽取完成后才进行的，知识抽取过程中的相关信息已不可用，因此那些用到知识抽取过程中间信息的方法不再适用，但一些错误类型检测的基本原则，如概念互斥关系等，仍然可用。此外，还可以依赖知识图谱中的知识来推断可能出错的实体类型。比如，可以根据知识图谱计算实体的属性及属性值与实体概念之间的概率关系，从而根据属性来推断其概念。假设一个实体有"代表作品"这一属性且具体的值为一些电影，则其概念是"演员"或"导演"的可能性较大，是"电影"的可能性较小。

### 7.3.2 错误实体关系检测

发现错误实体关系的方法大致分为两类：基于知识图谱内部数据的检测方法和借助知识图谱外部数据的检测方法。前一类方法通过挖掘知识图谱内部数据的关联关系建立错误实体关系判定规则，或通过分析知识图谱中数据的分布特征来建立错误实体关系检测的概率模型。后一类方法通常借助互联网等外部数据源来发现错误实体关系。

比较有代表性的内部检测方法之一是将知识图谱建模为图，从任意实体出发进行随机游走，如果能够通过一条路径到达目标实体，就将此路径记为一条可行路径。给定一种实体对之间的语义关系，若能在知识图谱中找到很多条可行路径，则该关系很可能是正确的，否则其很可能是错误的。据此我们构建该语义关系的一个三元组错误检测分类器。

另一类代表性方法使用数据的分布特征来发现错误实体关系。对于给定关系p，在知识图谱中找到关系为p的所有关系三元组，并分别统计出这些三元组中头实体和尾实体的实体类型分布情况。对于关系p的一个新实例三元组，如果其头实体和尾实体的类型都分别落在先验的头/尾实体类型的高频分布区域，则其正确的概率较大。反之，如果其头实体和尾实体的类型都落在先验的头/尾实体类型的低频分布区域（甚至是先验分布中没有出现过的类型），则其错误的概率较大，需要请专家检查并确认。

借助外部数据的检测方法通常借助互联网或外部本体库进行错误实体关系检测。基于互联网的检测方法通常利用搜索引擎检测知识图谱中的错误知识。大致流程是将三元组转换为各类语言的搜索关键词，通过搜索引擎搜索得到相关页面，然后对排名靠前的网页内的有效内容进行事实确认（Fact Confirmation）并计算网页的置信度，之后通过监督学习模型判定三元组描述是否正确并提供相应的证据。最后，由用户判断模型的输出和证据是否有用。对于判定有用的记录可以直接接收，同时将其加入训练集中，用于更新监督学习模型。当三元组的头/尾实体在互联网上有较多相关信息时，该模型可以获得不错的效果。然而，知识图谱中的很多事实，特别是一些低频事实，在互联网上只存在很少的相关网页。因此，基于互联网的检测方法并不适用于检测这些低频事实的正确性。

还有一类代表性方法是利用外部本体库进行错误实体关系检测。具体来说，给定某个三元组，首先通过DBpedia考察相应谓词的值域，也就是尾实体的概念类型，将这一概念映射到本体上的等价类，然后将三元组的尾实体在DBpedia中的类型映射到本体上的等价类。如果从谓词值域与尾实体映射而来的两个类（概念）是互斥的，则可判定该关系三元组很可能是错误知识。

### 7.3.3 错误属性值检测

错误属性值是一种常见的知识图谱质量问题，也得到了学者们的广泛关注。错误属性值检测方法仍有"内检"与"外观"两类主流思路。

常见的"内检"方法是离群值检测，即将与相关数据分布不相符的离群值作为可能的错误。例如，如果一众古希腊哲学家的出生时间都为"公元前×××年"，然而苏格拉底的出生时间却是"公元469年"，则可以通过基于离群值检测的方法发现"公元469年"为离群的错误属性值。但这种方法容易受到异常值的影响。例如"某地区的总人口"这一属性，其适用的实体包括村庄、城镇、城市、国家甚至大陆等。按照上述方法操作就意味着大多数国家和大陆的人口会是离群值，因为国家和大陆的人口数量相对于村庄、城镇、城市而言要多得多。为了解决这个问题，有必要按照类型进行分组离群值检测。例如，将城市、国家等区域分开，然后按组对这些群体进行离群值检测。此外，研究人员还尝试过使用多种相互独立的离群值检测方法来检测错误属性值，并将不同检测方法的检测结果进行比对。被多种方法检测为可能错误的属性值更有可能的确是错误属性值。

"外观"方法与其他错误的纠正方法类似，都是利用互联网等外部信息源来发现与纠正错误属性值。不同之处在于，属性在互联网上的提及方式十分多样，因此要予以特别的考虑。比如，为了补全某实体的"出生时间"，需要首先通过语义相似性来寻找它的等价提及方式，包括"诞辰""出生日期"等，然后结合给定实体，从互联网开放数据中收集相关的三元组，通过加权平均的方法计算这些三元组的置信度，将置信度较高的三元组与数据库中的三元组做比较，从而发现可能的错误属性值。

# 7.4 过期知识的更新

知识是动态变化的，因此发现知识图谱中的过期知识并及时更新是知识图谱构建后质量控制的重要一环。根据更新发起方的不同，知识图谱的更新方式可以分为主动更新和被动更新。由知识图谱平台方发起的更新是主动更新，由数据源发起的更新是被动更新。显然，大多数知识图谱更新都是主动更新。

早期的知识图谱更新主要采用主动更新中的定期全局更新机制，即设定一个时间跨度（比如1个月），每隔这样一段时间就将现有知识图谱的所有内容进行一次全面的重新获取。早期的DBpedia系统即采用这种全局更新机制。但是这种方法每次更新时的代价极大，还容易给维基百科等互联网资源网站造成极大的负载。针对这些缺陷，DBpedia提出了基于更新流的改良方案：每当维基百科产生一个更新，都将产生一条记录并主动推送给DBpedia，然后DBpedia只需根据更新流的内容修改其数据库即可。这种更新机制是被动更新，需要得到数据源的主动支持才能实现。然而，提供更新流的数据源很少，被动更新往往难以实施。

由于全局更新机制有种种弊端，研究人员提出了局部更新机制，即每次只更新知识图谱的局部知识。局部更新显然更为合理，因为很多知识是不会发生变化的，比如，关于柏拉图的生平不太可能再变化，因此只需要更新可能发生变化的局部知识即可。局部更新的关键在于如何识别出发生了变化的知识。大量的研究围绕变化知识的识别或者知识更新的预测展开。大体来说，这些方法分为以下几类：基于更新频率预测的更新机制、基于时间标签的更新机制和基于热点事件发现的更新机制。

## 7.4.1 基于更新频率预测的更新机制

基于更新频率预测的更新机制认为：更新频率高的知识应该优先更新。虽然数据源方一般会有完整的更新日志，但知识图谱构建方往往无法获取完整的更新日志，因此这种机制主要关注于如何根据有限的采样观测情况来准确估计知识的更新频率，从而实现主动局部更新。

假设在一段时间T内对某知识进行了n次观测（相当于n次均匀采样），其中X次观测到了知识的更新（显然$0 \leqslant X \leqslant n$）。显然，我们的观测频率（单位时间内的观测次数）为$f = n/T$。一段时间内，某个事件发生的频次通常服从泊松分布。因此，可以假设X服从泊松分布：$P(x=k) = (\lambda k_e - \lambda)/k!$，其中$\lambda$为知识更新频率（也就是单位时间内知识发生更新的次数）。显然，人是我们最终需要估计的目标变量。知识更新频率与观测频率的比值（Frequency Ratio）为：

$$r = \lambda/f \tag{7-2}$$

因此，我们的任务就是根据X、n估计$\lambda$。通常，可以对r进行如下估计：

$$\hat{r} = \frac{\hat{\lambda}}{f} = \frac{X}{n} \qquad (7-3)$$

此时，知识更新频率可以按照如下公式估计：

$$\hat{\lambda} = f + \frac{X}{n} \qquad (7-4)$$

例如，在一段时间内我们以每两周访问一次（假设观测频率以天为单位，则 f=1/14）的频率对某网页访问了n=10次，其中有X=5次观测到了知识的更新，那么 $\hat{r}$=5/10=0.5，因此可以得到 $\hat{\lambda}=\hat{r}\times f$=0.5×1/14=1/28（可以理解为每28天更新一次）。当然，仅一次观测周期所得的X有一定的随机性，可以通过多次观测周期得到多个X并取其均值，从而更好地评估知识更新频率λ。

然而，上述方法只有在观测频率不低于知识更新频率（r≤1）时才能做出较为准确的评估。如果知识更新频率比我们的观测频率要高（即r>1），则观测到的知识更新次数X比实际的知识更新次数要少，那么用公式（7-3）得到的估计量 $\hat{r}$ 也比实际的r值小，我们对λ值的评估也就不再准确。为了应对这一状况，可以通过分析 $\hat{r}$ 的期望值来近似拟合出一个更为准确的 $\hat{r}$ 值。此外，如果可以得知每次观测前知识发生更新的最后时间，可以根据这一信息进一步提升知识更新频率估计的准确度。

### 7.4.2 基于时间标签的更新机制

基于时间标签的更新机制利用事实间的时序关系预测将更新的事实。例如，对于一个人，与其相关的事实存在以下时序关系：出生→求学→工作→死亡。较早（较晚）发生的关系被称为先验（后续）关系。

有两种模型可用于发现事实间的时序关系。一种是基于时序信息的时间感知模型（Time Aware Embedding，TAE）。该模型结合事实发生的时间，将时序信息在特定向量空间进行表示学习，使得训练得到的向量表示能够自动分离先验关系和后续关系，从而确定事实间的时序关系。

另一种模型利用时间相关的语义约束作为整数线性规划（Integer Linear Programming，ILP）的约束，构造相应的推理模型。ILP模型考虑了以下三种约束。

（1）时间分离约束，即具有相同头实体和相同函数关系的任意两个事实的时间间隔是不重叠的。比如，一个人在同一时间段内只能是另一个（唯一且确定的）人的配偶。

（2）时间顺序约束，即对于某些时间顺序关系，一个事实总是先于另一个事实发生。

（3）时间跨度约束，即某一事实在知识图谱的时间范围之外的其他时间段内无效。

上面提出的两种模型互为补充。ILP模型考虑的时间限制比TAE模型更严格，而

TAE模型则为ILP模型的目标函数生成更精确的向量表示。基于时间标签的更新机制不仅能对时间敏感的数据做出较为准确的更新预测,还广泛应用于知识图谱查错等领域,但其适用范围仅限于时间敏感的数据。

## 7.4.3 基于热点事件发现的更新机制

最后介绍基于热点事件发现的更新机制。该机制的基本思想是:知识图谱中经常更新的知识往往源自少数热门实体(比如,当红明星和知名产品等),且热门实体的信息更新往往伴随着热点事件或热词的出现,因此该机制提出对互联网上的热词进行实时监控,识别出热门实体并将其百科页面信息同步到知识库中。一个实体之所以变成热门实体,可能有两种情况:(1)新词,如最新上映的电影《流浪地球》;(2)相关知识产生变化的旧词,如唐纳德·特朗普当选美国总统,实体"唐纳德·特朗普"和"美国总统"本身都会发生改变,与其相关联实体的信息也会发生变化。该方法包含种子实体发现、种子实体更新、实体扩展和扩展实体更新四个步骤。

(1)种子实体发现。从搜索热点事件中获取热门实体(以下简称热词),并将其作为种子实体。热词来源包括:热门新闻的标题、搜索引擎的热门搜索以及门户网站的热门话题等。从这些来源抽取出热门的短语或句子(热词),利用命名实体识别技术抽取出其中的实体。

(2)种子实体更新。根据抽取出的热词对知识库做更新。访问或抓取每个热词对应的最新百科页面,并通过在线百科中的知识提取器同步(更新或插入)在线百科中的信息。更新的原则是,如果知识图谱中已存在该实体,就用百科页面中的新信息全部替换该实体在知识库中的信息;如果知识库中不存在该实体,就将该实体的百科页面中的信息抽取后添加至知识图谱中。

(3)实体扩展。由于在某一时间段内热词数量是有限的,为了能够更新更多的实体,需要对热词进行扩展。显然,与热门实体相关的实体也较容易发生更新,比如某当红影星非常热门,经常有新的作品推出,那么与他相关的一些电影、导演、合作演员和各类电影奖项等也很容易发生更新。显然,热门实体的百科页面中的超链接实体是与其高度相关的,可以将这些实体扩展到候选更新实体列表中。

(4)扩展实体更新。对上一步扩展得到的关联实体按照优先级排序,并依次处理队列中的实体,将其对应的百科页面中最新的知识同步更新到知识图谱中。

对上述步骤进行迭代,直至候选更新实体列表为空或者当天的实体更新次数已达到上限。一般情况下,候选更新实体列表不会为空,所以终止条件主要是由设置的实体更新次数上限决定的。上面第(4)步中的优先级排序显然是决定该方法效率的关键,可直接使用前面提到的模型预测相应实体的更新频率,以此为定义优先级的依据。

# 第8章　基于知识图谱的

# 语言认知应用实践

## 8.1　概述

本节首先介绍机器理解自然语言的挑战，为了应对这些挑战需要引入知识图谱之类的背景知识，然后介绍基于知识图谱的语言理解的具体任务。

### 8.1.1　语言理解的挑战

当下的很多人工智能应用，如人机对话（或问答系统）和机器翻译，效果往往难以令人满意，离人类水准还相差甚远，其根本原因都可以归结为机器难以准确理解人类的自然语言。这种困难首先是由自然语言在以下几方面的复杂性造成的。

#### 8.1.1.1　表达的多样性

人类自然语言博大精深，一义多表的现象很普遍，尤其是中文。例如，在中文词汇库中，"妻子"还可以用"老婆""夫人""娘子""太太""内人""拙荆"等100多个其他词汇表达。如果机器不能知晓同一语义的不同形式，则无法正确理解自然语言。

#### 8.1.1.2　表达的歧义性

另一方面，人类语言中一词多义的现象也很普遍。例如，"苹果"可以表示一种水果，也可以表示一家科技公司；"青藏高原"可以是一个地理名词，也可以是一首歌曲的名字。同样，很多人名、地名也是一词多义的，这些都会带来语言表达上的歧义。对机器而言，如果没有背景知识支撑，则很难根据上下文（Context）消除歧义，从而也就无法准确理解词义。

### 8.1.1.3 上下文关联

对语言的正确理解离不开上下文，在不同的上下文环境中，同样一句话或者一个词可能有不同的指代与语义。例如，"倒了一杯水"在不同语境下的语义完全不同，甚至截然相反。在一些语境下它是指往杯子里倒水，在另一些语境下则可能是指把杯子里的水倒出去。因此，机器必须具备强大的背景知识，才能正确理解同一个词在不同语境下的语义。

机器理解自然语言困难的根本原因在于，人类的语言理解是建立在人类认知能力基础之上的。人类的认知体验所形成的背景知识是支撑人类理解语言的根本支柱。我们人类之所以能够很自然地理解彼此的语言，是因为彼此共享类似的生活体验、类似的教育背景，从而有着类似的背景知识。庞大的背景知识使得人类可以彼此理解自然语言所提及的有限字符串。不同文化背景的人往往难以理解彼此的幽默，根本原因在于不同的文化背景决定了不同的生活体验，不同的生活体验导致了不同的背景知识，不同的背景知识最终决定了人们对彼此文化中的幽默有着不同的理解。所以语言理解需要背景知识，没有强大的背景知识支撑是不可能理解语言的。要让机器理解我们人类的语言，就必须让机器共享与人类相似的背景知识。

## 8.1.2 语言理解需要知识图谱

自然语言处理（NLP）领域很早就关注将知识应用于机器理解语言的任务中。传统语言理解任务中用到的知识主要是语言学家人工定义的语法规则或者领域专家定义的本体（Ontology）。也有一些方法从文本中自动挖掘语法或语义模式，作为一种知识支撑后续的语言理解任务。不过，传统的方法在大数据时代遇到了瓶颈。首先，语法规则很难穷举，难以覆盖大部分语言场景，因此基于语法规则的语言理解方法很快就被基于统计的机器学习方法所取代。其次，本体这一类人工定义的知识表示规模有限，难以覆盖海量的实体与概念，难以满足实际应用的需求。最后，文本的非结构化特性使得从文本中自动挖掘语义模式异常困难，所能挖掘出的有效模式在数量与精度方面都存在局限性。

需要指出的是，自然语言理解不仅需要语言知识，更需要语言之外的人类认知外部世界的知识（简称世界知识）。人类对于语言知识更多的是一种事后总结，并非人类认知世界的结果。换言之，即便我们不总结出语法规则，也不妨碍我们对语言的理解。学龄前儿童没有接受过任何语法或语义知识的培训，但可以很顺畅地理解自然语言。因此，语言理解不仅需要"动词+宾语"这样的语法知识，以及动词"吃"的后面往往跟随着食物这样的语义知识，更需要"太阳从东边升起"这样的世界知识，因为只有具备了这类世界知识，当有人言及"太阳从西边升起了"，人们才会觉得"奇怪"。

实现机器语言理解所需要的世界知识有着苛刻的条件：规模足够大、语义关系足够丰富、结构足够友好、质量足够精良。以这四个条件考察各类知识表示就会发现，知识图谱是当前满足所有这些条件的少数选项之一。知识图谱规模巨大，动辄包含数十亿个实体；知识图谱中关系多样，比如在线百科图谱DBpedia包含数千种常见语义关系；知识图谱结构友好，通常表达为RDF三元组，这是一种机器能够有效处理的结构；知识图谱的质量也很精良，因为知识图谱可以充分利用大数据的多源特性进行交叉验证，也可以利用众包方式保证知识库质量。所以，知识图谱成为机器理解自然语言所需背景知识的重要选项之一。

### 8.1.3　语言理解的任务

在具体介绍各类语言理解任务之前，首先要对"机器语言理解"下一个定义。所谓机器语言理解是指，机器在接收自然语言输入后，形成相应的内在表示的过程。根据内在表示的不同，语言理解主要分为以下三类任务。

语法解析（Syntactic Parsing），也就是句子成分之间的语法结构。

语义解析（Semantic Parsing），也就是文本的语义表示。

特定的知识表示或者其中的某个片段。

前两类形式的"理解"是自然语言处理的核心命题，超出了本章范围。本章主要关注与知识图谱形式的知识表示相关的第三类语言理解。由于知识图谱是一个巨大的语义网络，这里的语言理解通常是指从自然语言形式的文本映射到知识图谱中的实体、概念、关系、路径以及子结构的过程。知识库是人类认知世界的结果，因此语言理解的本质是从文本到知识库的映射。

下面举例说明与知识图谱相关的语言理解任务。以理解"法国4：2击败克罗地亚，时隔20年再夺世界杯冠军"这句话为例，语言理解的首要任务是认知语句中的实体和概念。比如，语句中的"法国"和"克罗地亚"不应该理解为国家，而是指这两个国家的成年男子足球队，它们都属于"足球队"这一概念。其次，要正确认知实体间的关系。比如，"法国"和"克罗地亚"这两个实体之间的关系在这句话中表示为"击败"，而这个动词并非表示两个国家间战争的胜负关系，而是两支足球队间比赛的胜负关系。再次，更深层次的理解是对主题与场景的理解。比如，例句谈及的是"体育"主题下的"夺冠"场景。更深层次的理解还包括对概念内涵的理解，比如"世界杯冠军"的内容特指获得国际足联世界杯比赛第一名的足球国家队。机器理解概念的内涵是较深层次的语言理解。因此，语言理解的任务包括对语句中出现的相关实体、概念，以及关系、属性、主题等的正确认知。

机器语言理解的输入除了完整句子外，还可能有短文本、词语组合、实体组合、动词短语等语言形式。接下来介绍基于知识图谱如何让机器正确理解实体。

## 8.2　实体理解

将文本中所提及的实体链接到知识库中的相应实体，是让机器理解自然语言的第一步，也是至关重要的一步。实体链接的输入通常包括实体的指代（Mention）和上下文，以及待链接的知识库；实体链接的输出是指代所对应的知识库中的实体。比如，当智能问答系统在回答"李娜在哪一年拿到澳网冠军？"这一问题时，第一步是识别出"李娜"这一实体的指代，利用上下文"……澳网冠军"将"李娜"这个名称链接到知识库中的网球运动员李娜这一实体，进而才能继续从知识库中找到与实体相关的信息并做出回答。如果识别出错或者将"李娜"链接到歌手李娜或者体操运动员李娜的话，系统对这个问题的回答必然是错误的。

当指代与实体之间是一一对应的关系，也就是没有歧义时，实体链接问题十分简单，但实际应用中其往往会存在歧义。首先，一个实体可以有多种表达方式。比如，美国总统唐纳德·特朗普，在文本中可能以"特朗普""Trump"或者"川普"的形式出现。我们把这一任务称作指代理解，为了实现指代理解，需要构建实体与指代的对应关系，以便理解实体的不同说法。其次，同一名称可以指代不同实体。给定指代"李娜"，需要根据上下文决定将其链接到网球运动员李娜还是歌手李娜等。我们把这一任务称作实体链接（Entity Linking）或者实体消歧（Entity Disambiguation）。

指代理解的基本思路是预先建立一个实体与其别名（Alias）的对应表。实体别名也叫作实体同义词，是知识库中的实体在文本中出现的形式。一个实体可以拥有多个别名或同义词，比如，周杰伦就有"杰伦""周董"和"Jay Chou"等别名或同义词。

本章着重讲解实体链接（或实体消歧）。实体链接是实体理解的关键，这是一个将文本中的实体指代链接到知识库中特定实体的过程。给定一个实体指代m和其出现的上下文，以及一个知识库K，实体链接的目标就是将指代m链接到知识库中正确的实体t。比如，在上面的例子中，指代为"李娜"，上下文为前面提到的那个问句，如果以CN-DBpedia作为目标知识库，"李娜"在其中对应名为"李娜（中国女子网球名将）"的实体。

### 8.2.1　基本模型

实体链接方案通常使用两类信息求解全局最优的映射方案（从指代集映射到实体集）。一类信息是指代上下文与候选实体的匹配程度；另一类信息是候选实体之间的相容程度。全局实体消歧的目标为，对于上下文中的指代集$M=(m_1, m_2, \cdots, m_N)$，找到最优的链接方案$\Gamma=((m_1, t_1), (m_2, t_2), \cdots, (m_N, t_N))$，使得下面的目标函数最大：

$$\Gamma_{best} = \arg\max_{\Gamma} \sum_{i=1}^{N} \left( \varphi(m_i, t_i) + \sum_{t_j \in \Gamma} \psi(m_i, t_i) \right) \qquad (8\text{-}1)$$

实体链接方案Γ包括上下文中所有指代以及与它们相对应的实体所组成的"指代 -实体"对映射（$m_i$, $t_i$）。公式（8-1）中的φ（$m_i$, $t_i$）表示指代上下文与候选实体的 匹配程度，因为没有考虑上下文中的其他实体信息，通常其被称作局部实体链接分 数。$\sum_{t_j \in \Gamma} \psi(m_i, t_i)$ 表示$t_i$与其他所有候选实体$t_j$之间的相容程度总和，通常其被称作全 局实体链接分数。最终目标是求解使目标函数最大的方案（也就是$\Gamma_{best}$）。

局部实体链接分数通常考虑的是候选实体与上下文词语的关联程度，比如，如 果指代"李娜"的上下文中出现词语"唱歌"，那么歌手李娜的局部实体链接分数就 要高于网球运动员李娜的该项分数。而全局实体链接分数主要考虑的是候选实体与 上下文实体的关联程度，比如，指代"李娜"的上下文中也提及了实体姜山（网球 运动员李娜的丈夫），那么网球运动员李娜的全局实体链接分数则会比其他李娜的高。

## 8.2.2　局部实体链接分数

局部实体链接分数φ（$m_i$, $t_i$）通常是通过计算指代$m_i$与候选实体$t_i$的语义匹配程 度进行评估的。φ（$m_i$, $t_i$）形式多样，可以表示为上下文与实体表示向量的相似度， 也可以表示为多个相似性特征的融合。计算方式可以是有监督的，也可以是无监督 的。特征通常考虑指代上下文文本与候选实体描述文本的语义相似度。而文本语义 的表示方式主要有基于词袋（Bag of Words）或概念的离散向量以及分布式表示。

词袋表示将文本表示为以词为维度的向量。对于每个指代，从其上下文中收集 词汇构成向量表示。上下文可以是指代所出现的整个文档，也可以是以指代出现位 置为中心选定的固定窗口大小中的文本。对于每个候选实体，通常用其对应的维基 百科页面，或者有选择地使用维基百科页面的第一段描述，或者维基百科页面实体 指代的特定窗口（固定大小，根据经验设定，通常取100个词）中的文本作为上下文。 通常选择具有较强描述能力的词汇（比如TF-IDF排名下的Top-k词汇）构造词向量。

概念向量是以与文本相关的概念为维度的向量。对于出现指代的一般文档或候 选实体的维基百科文章，系统从中提取一些关键词，比如锚文本、命名实体、类别 标记、描述性标记和维基百科概念等，以组成概念向量表示文本的语义内容。此外， 候选实体的上下文可以进一步用维基百科中的链接实体、属性以及信息框（Infobox） 中的相关事实来增强实体的表示。

上述语义表示都是用符号化的词汇和概念所开展的显式表示。近年来，随着深 度学习的流行，涌现出了一批隐式的分布式语义表示方式。这些方法无须人工构造 特征，通过基于大规模语料预训练所得的词向量（Word Embedding）或者从大规模 知识图谱习得的实体向量，构造上下文的隐式语义表示。

最直接的隐式语义表示方法是用上下文词汇的词向量表示上下文，用与实体相关词汇的词向量表示实体。相对于显式表示，这种做法可以解决特征稀疏问题，在文本和实体信息稀疏的情况下其具有较好的语义表达能力。比如，与实体相关的词只有"歌手"，而与指代上下文相关的词只有"演唱"，基于显式表示方法，"歌手"与"演唱"是失配的（从而导致错误的实体链接）。然而，基于词向量的隐式表示则能通过"歌手"与"演唱"有着相似的上下文，通过隐式词向量挖掘出两者的关联。近年来，通过深度学习从实体相关的语料中训练实体向量来表示实体的方法也变得越来越流行。当然，这些方法对于知识库中大量的语料稀疏的长尾实体来说效果仍然有限。

## 8.2.3　全局实体链接分数

全局实体链接分数是优化目标函数（即公式（8-1））的重要组成部分之一。其中实体之间的相关程度 $\psi(t_i, t_j)$ 的度量方法有很多，最常用的是Jaccard相似度：

$$\text{Jaccard}(t_i, t_j) = \left| \frac{U_i \bigcap U_j}{U_i \bigcup U_j} \right| \tag{8-2}$$

其中 $U_i$、$U_j$ 分别是实体 $t_i$、$t_j$ 的邻居实体集合。这里的邻居可以是维基百科页面上超链接所指向的实体，也可以是有语义关联的实体。公式（8-2）的意义是，两个实体共享的邻居实体越多，这两个实体就越相关。Jaccard相似度的缺陷在于，当 $|U_i| \gg |U_j|$ 时，相关度与 $t_j$ 关系不大，这显然不合理。因此，更常用的指标为标准化Google距离（Normalized Google Distance，NGD）。

$$\text{NGD}(t_i, t_j) = \frac{\log\left(\max(|U_i|, |U_j|)\right) - \log(U_i \bigcap U_j)}{\log(|W|) - \log(\min(|U_i|, |U_j|))} \tag{8-3}$$

其中W为知识库中的实体全集。NGD考虑了 $U_i$、$U_j$ 的大小所带来的影响，并通过log函数平滑了由于相邻实体数量相差过大（在知识库中很常见）而带来的巨大差别。公式（8-3）衡量的是两个实体之间的距离，当用其衡量相关度时，通常采用1-NGD $(t_i, t_j)$ 的形式。

Adamic Adar相关度则考虑了不同邻居不同程度的影响：

$$\text{AA}(t_i, t_j) = \sum_{n \in U_1 \bigcap U_2} \log(\frac{1}{\text{degree}(n)}) \tag{8-4}$$

其中degree（n）表示实体n的度数（相邻实体数量）。度数越大实体越流行，这类邻居实体对两个实体相关度的贡献应该越小。比如，对于实体"李娜"和"刘德华"，他们的共同邻居实体是"中国"（共同的国籍），然而"中国"是所有中国人的关联实体，非常流行，因此"中国"对这两个实体的相关度所做出的贡献很小（我们不能因为两个人国籍相同就说两个人很相似）。但是，如果两个实体同时关联到一个不那么流行的实体，比如实体"刘德华"和"梁朝伟"的一个共同邻居实体是《无间道》（共同出演的电影），则说明他们的相关度很强。

除此之外，基于深度学习的全局实体链接模型常利用实体间的向量相似度来衡量全局实体链接分数，其中实体的向量可以通过TransE等模型习得。

## 8.2.4 模型计算

每个指代可能对应很多候选实体，因此求解公式（8-1）的直接方法是穷举所有可能的映射方案以求最优解，枚举空间为$M^N$，其中M为指代的候选实体个数，N为指代的数目。由于指数级搜索代价在实际应用中是难以承受的，故这一问题被证明是NP难问题。所以，通常采用各种近似模型以降低求解的复杂程度。

有两种典型的优化思路。一种是在考虑第i个（$1 \leq i \leq N$）指代的实体链接时，将上下文其他指代的实体暂时固定下来，分别为每个指代找到最优链接实体。显然，这是一种以若干局部最优链接代替全局最优链接的策略，这种方式将时间复杂度降低至O（MN）。另一种是利用图的结构特性采用图上的近似算法进行高效求解。这种方法将上下文中的指代与候选实体作为点，将（指代-实体）和（实体-实体）关系作为边来构建图模型。

### 8.2.4.1 全局特征局部化

全局优化方法的时间复杂度高的原因在于，当考虑每个指代的实体链接时，需要同时考虑上下文其他指代的各种链接方案，它们之间相互依赖。

最直接的局部优化方法是为每个指代独立求解其最优链接实体。此时，问题退化为：

$$\Gamma_{best} = \arg\max_{\Gamma} \sum_{i=1}^{N} \left( \varphi(m_i, t_i) \right) \tag{8-5}$$

这一方法完全忽略了候选实体之间的相容程度，有较多的信息损失。

Milne方法针对上述问题做出了改进，其基本思想是选取上下文中无歧义的指代映射Γ'作为当前指代链接的参考。比如，在对"李娜"（或者"青藏高原"）进行消歧时，只考虑无歧义实体"嫂子颂"（在此例中Γ'只包含"嫂子颂"到相应实体的映射）。这样就使目标函数转化成一个简单的形式：

$$\Gamma_{best} = \arg\max_{\Gamma} \sum_{i=1}^{N} \left( \varphi(m_i, t_i) + \sum_{t_j \in \Gamma} \psi(t_i, t_j) \right) \tag{8-6}$$

该目标函数与公式（8-1）的差别在于：优化公式（8-1）需要考虑Γ中所有指代的所有可能链接，这导致了枚举指数级空间$M^N$的巨大复杂性；而优化公式（8-6）时，只需要对每个指代独立地计算相应的最优链接$t_{best\_i}$。

$$\Gamma_{best} = \arg\max_{t_i} (\varphi(m_i, t_i) + \sum_{t_j \in \Gamma} \psi(t_i, t_j)) \quad （8-7）$$

$t_{best\_i}$（$1 \leq i \leq N$）构成最后的完整链接方案$\Gamma_{best} = ((m_1, t_{best\_1}), (m_2, t_{best\_2}), \cdots,$ $(m_N, t_{best\_N}))$。每个实体$t_i$的枚举空间为M，整个优化算法的时间复杂度因此从O（$M^N$）降低到了O（MN）。

在上述方法基础上演化出了一些基于局部计算的优化方案。比如，Ratinov等首先仅用局部方法（也就是只使用公式（8-7）中的$\varphi$部分）为每个指代发现了一个最优匹配的实体，并利用这些实体构造参照实体集$\Gamma'$。此后，再通过公式（8-7）重新计算每个指代$m_i$的最佳实体$t_{best\_i}$。

显然，该方法只利用了每个上下文指代的最优候选实体帮助其他指代进行消歧，但一旦最优候选实体识别有误，就会影响全局最优链接的质量。一个直接的改进思路是，考虑每个上下文指代的所有候选实体对链接方案的影响。Tagme实体标注系统基于投票方案实现了这一想法。在为指代$m_i$评估其某个候选实体$t_i$时，利用其他上下文指代$m_j$的每个候选实体$t_k$对$t_i$进行投票。其基本思想是$t_k$与$t_i$越相容，投票分值$\psi'$（$t_i$，$m_j$）越大，具体公式如下：

$$\psi'(t_i, t_j) \propto \sum_{t_k \in cand(m_j)} \varphi(m_j, t_k) \times \psi(t_i, t_k) \quad （8-8）$$

其中cand（$m_j$）为$m_j$的所有可能候选实体集合。$\psi'$（$t_i$，$m_j$）可以视作对全局评分函数的一种改进。因此，最终求解时只需将公式（8-7）的部分替换为$\sum_{t_j \in \Gamma'} \psi(t_i, t_j)$ 部分替换为$\sum_{m_j \in M} \psi'(t_i, m_j)$即可，其中M为所有指代的集合。

随着深度学习方法的普及，利用注意力机制来实现共现实体对候选实体所产生的影响的模型也被提出。注意力机制的解决方案本质上是对上述"投票"方案的改进。在Tagme系统的投票方案中，实体$t_i$对于每个指代$m_j$的投票分数$\psi'$（$t_i$，$m_j$）只是简单的累加，而注意力机制则会针对每个指代产生的相关度分数$\psi'$计算出一个权重，并使用加权和的形式进行累加，强化高相关度指代而弱化低相关度指代投票带来的影响，从而达到减少噪声的目的。

上述方法从本质上说都是将需要枚举所有可能实体的全局优化算法简化成对每个实体进行独立的局部优化的算法，从而提高了计算效率。

### 8.2.4.2　图算法

全局实体链接方法中每个指代的链接实体是相互依赖的。前面的局部方法简化了复杂的依赖关系。显然，这些复杂的依赖关系可以通过图模型完整表达。基于图模型的实体链接计算能够充分利用指代与候选实体以及候选实体之间的复杂关联信息。在基于图模型的建模中，将指代与实体作为点，局部实体链接分数$\varphi$作为指代与候选实体之间的边权，候选实体之间的相关度$\psi$作为候选实体之间的边权。据此可从上下文构建出一个以所有指代与所有候选实体为节点的图，通常称之为指涉图（Recent Graph）。

在构建出指涉图后，优化公式（8-1）的算法可以转化成图上的稠密子图（也就是累计边权最大的子图）发现问题。这个稠密子图包含所有指代节点，而且每个指代都与唯一的实体相关联[也就是只存在唯一的（指代-实体）边]，从而实现实体消歧。具体问题的定义见下面。显然问题的输出条件（1）保证了能够产生一个合法的链接方案，输出条件（2）保证了指代与实体以及实体之间有着足够的关联强度，从而确保这是一个尽可能好的实体链接方案。

问题1（基于图模型的实体链接）

输入一个指涉图G，由以下部分组成。

（1）一个上下文中的实体指代点集M=（$m_1$, $m_2$, …, $m_N$）。

（2）每个实体指代对应的候选实体点集$E_i$=（$t_{i1}$, $t_{i2}$, …, $t_{i|Ei|}$），$1 \leqslant i \leqslant N$。

（3）实体指代与候选实体之间的边权$\varphi$（$m_i$, $t_{ij}$），根据局部实体链接算法计算。

（4）候选实体之间的边权$\psi$（$t_{ix}$, $t_{jy}$），$i \neq j$，根据实体相关度计算。

输出G的一个子图，满足如下条件。

（1）每个实体指代连接且仅连接一个实体节点。

（2）子图的边权和最大。

然而，问题1所定义的稠密子图发现问题仍然是NP-难的，需要寻找合理的近似解算法。图剪枝是一个能产生高质量近似解的贪心算法。该算法首先通过预处理筛掉部分不相关的候选实体。通常，如果某个候选实体与所有的指代都相距甚远，则可排除该候选实体。具体实现时可以使用实体与每个指代的距离平方和作为度量筛选出候选实体（对应算法的预处理阶段）。完成预处理后，算法进入主循环。主循环不断且贪心地删除"不合群"的实体点（及其邻接边）直到所有指代只存在唯一实体。实体节点"不合群"程度通过该实体的邻接边权和进行度量，显然邻接边权和越小越不合群。为了满足该问题约束，图剪枝时要始终保证每个指代至少链接到一个候选实体。

算法：图剪枝

输入：实体与指代的加权指涉图

输出：每个指代只有一条边的子图

1. 预处理阶段

a）对于每个实体t，计算所有指代节点的最短路径长度的平方和$D_t$。

b）保留使$D_t$最大的若干实体，把其当作候选实体。

2. 主循环：当所有实体都是某个指代的唯一链接实体时。

a）删除邻接边权和最小的实体及其相邻边。

b）如果被删除的实体已经是当前图中邻接边权和最小的点，则将解更新为当前

剩余图,

3. 后处理阶段：在最后设置为解的剩余图上穷举最优方案。

主循环结束后得到的解通常已经是相对理想的方案了，但是在有些情况下仍有可能存在一些多余的（指代-实体）边（因为需要保证每个指代至少链接到一个实体，所以有时具有最小邻接边权和的实体不会被删除）。经过剪枝后的图通常规模很小，所以可以进一步使用暴力枚举的方法寻找最优子图作为最终答案，在实际应用中这种代价消耗是可以接受的。

总的来说，基于图的全局实体链接方法都试图挖掘指涉图中节点与节点的关系，从而找到更"合群"的实体节点作为链接的结果。

## 8.2.5 短文本实体链接

在各种实体链接任务中，面向短文本的实体链接吸引了较多研究人员的关注。短文本是指一段长度有限、上下文稀缺的文本。短文本可以是搜索引擎上的查询短语、广告关键词、标题或者影视作品的字幕等。短文本实体链接有着广泛的应用场景，对许多应用而言至关重要，但也存在众多挑战。首先，短文本并不总是遵循书面语言的规范语法，因此传统的NLP工具（从词性标注到语法解析）都难以取得良好的效果。其次，短文本上下文稀疏，缺乏足够的信息来支撑很多文本挖掘方法（比如主题建模等）。最后，短文本中往往含有噪声，语义更为模糊和嘈杂，增加了处理难度。

短文本实体链接所接收的输入文本通常是短语、词组或者句子。与针对长文本或者文档的实体识别和链接方法不同，短文本输入的上下文信息非常稀缺，往往只提及一两个实体，共现实体很少，因此无法利用其他相关实体进行实体识别和实体消歧。比如，"冰与火之歌有多少卷"只包含一个实体，识别"冰与火之歌"并将其链接到小说而非电视剧是一个十分困难的任务，因为很难将"卷"这个字表达的微弱信号关联到"冰与火之歌（小说）"这个实体，特别是当该实体信息不足（知识库中的很多实体存在信息不足的现象）时，"卷"字可能根本就没有出现在该实体的文字描述中。因此，传统的词袋文本相似度在上下文稀疏时，很难准确量化相关度。为了解决这一问题，需要着重挖掘词语与实体的关系，从极少的上下文文本中提取有意义的语义信号。

## 8.2.6 跨语言实体链接

很多小语种的知识库并不完善，比如维基百科上英文词条的数目显著多于其他语种。因此，实体链接实际使用时往往要将小语种的文本链接到英文知识库。跨语言实体链接通常以维基百科为知识库，将一个非英文文档中的实体指代链接到英文维基百科的页面（每个页面对应一个英文实体）。下面的非英文文档以中文为例。除了输入的实体指代m与上下文的语言为中文，而知识库K为英文，问题定义与普通实体链接类似。

传统跨语言实体链接的方法分为三类，第一类是利用机器翻译模型将中文文本翻译成英文文本，然后进行实体识别和链接。第二类是直接匹配中文上下文和英文实体。第三类是将中文的维基百科作为知识库进行实体链接，利用维基百科的多语言性质链接到英文百科页面。第一类方法直接利用英文实体链接模型即可，最终效果取决于机器翻译的质量。

第二类方法的核心在于如何计算上下文中的中文词语和英文实体的相关度。一个典型的方法是将词语与实体的不同语言表达在同一个低维空间中进行统一表示这里需要解决两个问题，一是词语和实体的统一表示，二是不同语言的词语（或实体）的统一表示。

第三类跨语言实体链接方法的主要挑战是，英文之外的其他语言资源不足，难以训练出效果好的模型。一种典型的解决方法是利用语言无关的特征，在丰富的英文语料上训练实体链接模型，然后将其应用于其他语言的实体链接任务。语言无关的特征指的是非词汇的（Non-lexical）特征。

# 8.3 概念理解

概念理解问题是指，对于特定形式的输入产生相应的概念，输入可以是单实例、多实例（或者词袋）、短文本以及句子等。其中，isA关系（即实例-概念关系）对概念理解起着至关重要的作用。本节将介绍如何利用概念图谱来对各类输入数据进行概念理解。由于Probase中的isA关系具有权重，能够较好地评估给定实体（概念）下的概念（实例）的典型性，因此在概念理解任务中得到广泛应用。在本节中若无特殊说明，概念图谱均是指Probase。

## 8.3.1 单实例概念理解

单实例概念理解问题是指为单一实例产生其概念集合。比如，给定实例"苹果"，它可以是水果、食物，也可以是公司。Probase中的每对isA关系都有在一个语料库中出现的频率。这一频率可用于评估向互联网人群提及苹果时他们联想到水果（或食物、公司）的概率。给定"苹果"，如果大部分人想到的都是水果，那么水果的典型性（Typicality）高于其他概念。典型性是一个心理学概念。知识库是人类认知世界的结果，而人类对于世界的认知不是非黑即白的，而是有着心理强度区分的，需要通过各种权重和概率进行度量。典型性就是其中的一个典型度量。

基本概念理解。人类倾向于将物体分类到特定层级的类别上来理解世界，这个类别的粒度既不会太粗，也不会太细。这个过程往往是潜意识下完成的。哲学家与语言学家称这个过程为基本水平分类（Basic-Level Categorization，BLC）。当我们面前出现一只狗时，首先想到的不是"这是一只中华田园犬"，也不会是"这是一个生物"，因为这些类别的粒度要么太细要么太粗，我们最可能想到的是"这是一只狗"，"狗"就是基本概念（Basic Concept）。

对于认知基本概念这一目标而言，概念图谱中的概念层级并非越细越好。概念层级通常只需涵盖某个领域所需的基本概念即可。在基本概念的基础上，可以通过组合属性和基本概念来得到很多细粒度概念。例如，"连衣裙"是基本概念，连衣裙的颜色属性可以取值红色，产地属性可以取值韩国，通过组合就可以得到"韩国产红色连衣裙"这一细粒度概念。

给定一个实体，如何识别它的基本概念呢？例如，对于Microsoft而言，它的概念可以是"公司""软件公司""最大的桌面操作系统供应商"等。显然，在此例中"软件公司"是更基本的概念，是相比于其他两个概念而言人们更容易想到的概念。需要有合适的度量来评估概念的基本程度。一个常见的评估原则是：如果从实体能够很容易地联想到某个概念，同时从该概念也能够很容易地联想到给定的实体，那么这样的概念往往就是基本概念。

## 8.3.2　多实例概念理解

在概念理解任务中，输入数据可能是多个实例，这些实例可以体现为实体，也可以是实体的词汇描述。所以，更为一般的概念理解任务是为实体集合或者词袋产生概念集合。本节以词袋概念理解为例展开介绍，实体集合的概念理解与之类似。词袋概念理解是指输入一组标签，使用较少的几个概念进行概括。比如：

{china，japan，india，korea}→{asian country}

{dinner，lunch，food，child，girl}→{meal，child}

{president，gdp，population}→{country}

词袋广泛存在于各类应用中，比如互联网上图片的标签、文档的标签以及微博用户的标签等。为这些标签产生概念是理解这些标签的重要方式之一。

## 8.3.3　短语概念理解

短语概念理解是指输入一段包含一个或多个实例的短语，对各个实例进行相应的概念理解。比如，给定"watch Harry Potter"，这里的watch是动词而不是名词手表，因此无须概念化，此处的"Harry Potter"显然是指电影《哈利·波特》。同一实例可属于不同的概念。例如在"read Harry Potter"、"watch Harry Potter"与"age Harry Potter"中，"Harry Potter"的概念分别为"书""电影"与"角色"。因此，需要针对短语中的名词做合理的概念化。与前面的概念理解任务不同的是，短语中往往伴随着形容词与动词等修饰词，因此在概念化的过程中，需要充分考虑不同词性与众多概念的搭配关系。比如，动词"watch"之后跟随的"Harry Potter"更可能是电影而不是书籍。

短语的上下文稀缺、信息量很少，通常难以进行有效的解析和建模。这对于消除实例的歧义性造成了困难。为了解决这个问题，Wang等人构造了一个以词汇为节点的语义网络，以表达词汇在不同上下文语境下的语义角色。这种语义角色是通过不同的语义关系表达的。比如，watch作为动词时，常与movie这一概念构成一个动宾短语；watch作为名词时，是product的下位词。类似的，还可以定义词汇之间的属性关系（isAttributeOf，比如director是movie的常见属性）和形容词关系（isAdjectiveOf，比如wonderful经常修饰movie）等。

通过语义网络上的随机游走，可以得到节点之间最优的语义路径，继而实现正确的概念理解。比如，"watch Harry Potter"的"watch"和"Harry Potter"可以分别匹配语义网络中的相应节点。通过随机游走算法得到两个节点之间概率最大的一条路径，即"watch→movie→harry potter"。因此，可知概念化为"watch movie"比概念化为"watch book"或"watch character"等更合适，因此"watch Harry Potter"中的"Harry Potter"应概念化为一部电影的可能性比一本书的可能性要大。

因此，整个问题的关键变成了语义网络的构建。一方面，可以使用概念图谱Probase获取概念、属性与实例之间的关系和权值；另一方面，可以从文本语料中解析出动词、形容词及其与不同概念的搭配关系。比如，通过对以watch开头的动词短语进行挖掘与统计，不难挖掘出watch作为动词后面跟随着movie这一概念的概率，进而可以依此概率估计边权。

### 8.3.4　关系对概念理解

当输入是一对有关系的实例时，比如（Jordan，PlaysIn，Bull），如何对"Jordan"和"Bull"两个实体进行概念理解也是一个值得研究的问题。这里的难点是对"Jordan"和"Bull"进行消歧。存在很多不同类型的"Jordan"实体，比如篮球运动员、运动品牌等。也存在很多不同类型的"Bull"实体，比如动物、球队等。这一问题的特点在于，"Jordan"和"Bull"的概念化任务之间是相互影响的，例如，当"Bull"是指篮球队时，"Jordan"更可能是一个篮球运动员，反之亦然。

### 8.3.5　概念理解应用举例

在搜索应用中，搜索的核心词与修饰词识别是一类重要的搜索意图理解问题。以电商搜索为例，平台需要为查询语句"popular smart cover iPhone X"找到一系列iPhone X的手机保护套。因此这里的核心词是"cover"，"iPhone X"是它的约束，"smart""popular"都是修饰cover的形容词。识别出核心词以及相应的约束对于理解用户搜索意图而言非常关键。如果平台返回了各种各样的iPhone手机，那么说明平台错误理解了用户的意图。在理解这个短文本的过程中，可以先通过形容词表来识别形容词（在各类语言中形容词都是有限的）。其难点在于识别"cover"与"iPhone X"两个名词性短语相互之间的修饰关系。在本例中，是"iPhone X"修饰"cover"，而不是"cover"修饰"iPhone X"。因此，"iPhone X"是"cover"的限定词或修饰词。

仅根据词性难以确定两个名词性短语之间的修饰关系。在上例的搜索理解中，关键在于要知道"cover"是一个附件（accessory），而"iPhone X"是一个设备（device）。当一个设备和其附件一起出现时，附件是核心，设备是其约束。因此，实例之间的修饰关系本质上取决于相应的概念之间的语义关系。一旦习得概念之间的这种搭配关系，就不难理解相应实例之间的修饰关系，所以有必要构造概念级别的核心词-修饰词模式来表达相应实例之间的修饰关系。模式的定义如下：

$$(concept_{[head]}, rconcept_{[modifier]}, score)$$

其中，$concept_{[head/modifier]}$ 表示核心词/修饰词的概念，score则表示两者共同出现在一个短文本中的可能性。上例中的模式即可表示为：

$$(accessory_{[head]}, device_{[modifier]}) （90\%）$$

这一模式表明当"accessory"与"device"共同出现时，有90%的可能性"accessory"是核心词，而"device"是修饰词。因此，相应的实例（"cover"与"iPhone X"）共同出现时也满足相同的修饰关系。

为了获得概念级别的修饰关系，需要先获得实例级别的修饰关系。在识别核心词和修饰词的过程中，介词起着重要的作用。比如，从"smart cover for iPhone X"很容易识别核心词是"smart cover"；反之，从"iPhone X smart cover"或"smart cover iPhone X"很难鉴别出其中的核心词与修饰词。因此，通常利用短文本所对应的包含介词的完整形式来推断相应词汇之间的修饰关系。进一步，可以利用基于介词的文法规则识别核心词-修饰词之间的修饰关系，例如"A for B""A of B""A with B"等模式意味着A几乎总是核心词，而B是修饰词。因此，通过使用以下语法模式从语料库中提取核心词-修饰词关系对（A，B）：

$$(head[for|of|with|in|on|at]modifier)$$

其中，A、B项必须是概念库或分类体系中的已有项。

## 8.4　属性理解

所谓的属性理解是指，为一个类别（概念）生成一组属性，这组属性能够解释类别的内涵。比如，"单身汉"的字面解释为"一个没结婚的男人"，它的一组定义性特征表示为：未婚∧男性。那么，如果任何一个人同时满足这两个特征，就可以被称为"单身汉"。为类别生成的这种属性理解可用于知识图谱补全（比如，某个人是单身汉，则可推断其为未婚男性的事实），也可用于搜索理解、问答交互等应用。

属性理解问题可以建模为类别的定义性特征（Defining Feature，DF）挖掘问题。一个类别的定义性特征刻画了实体属于该类别的充分必要条件，也就是说，当且仅当实体具有这组属性时，实体属于该类别。一般从属性-值对（Property-Value pair，PV）特征和类别特征两个角度构造DF。表8-1展示了类别"films directed by Christopher Nolan"的定义性特征集合表示形式。

表8-1　类别"films directed by Christopher Nolan"的定义性特征集合表示形式

| PV特征 | （director，Christopher Nolan） |
|---|---|
| 类别特征 | （type，Film） |

富含实体的知识库已经大量存在，比如DBpedia，这些知识库中的实体同时被赋予了大量的类别标签，因此可以利用这些数据为某个类别自动挖掘其相应的DF。有两种基本的DF挖掘思路。第一种，利用数据驱动的统计方法挖掘有效的DF特征；第二种，利用DBpedia中类别的文本规则来挖掘。

# 第9章 基于知识图谱的搜索与推荐应用实践

## 9.1 概述

搜索与推荐已经成为互联网时代两类重要的信息服务。无论是面向普通客户的互联网应用，还是面向内部员工的企业应用，搜索与推荐都是人们获取信息的两种重要方式。对于很多互联网平台而言，提供高质量的搜索与推荐服务是网站提升用户满意度、增加用户黏性，进而创造更大商业价值的关键。对于企业内部的信息化平台而言，搜索与推荐服务则是释放大数据价值，提升企业内部各工作环节质量与效益的关键。

虽然搜索与推荐是两类具有鲜明特点的不同应用，但从系统服务用户的终极目标来看，二者可视为一体，即都是向用户准确提供其希望获取的对象。这里的对象包括网页、图文资料、电子商品等各类互联网资源。这正是本章将这两类应用放在一起介绍的原因。先看搜索，其任务目标可简要概述为：给定一个查询q，找出与q最匹配的答案i（在传统的搜索引擎中，返回的答案是网页）。若用q表示用户，用i表示物品，则该目标就成为推荐的任务目标，即为用户q推荐其最感兴趣（或最可能购买）的物品i。因此，可将搜索与推荐的目标统一地形式化表达为求解满足以下条件的$i_0$：

$$i_0 = \arg\max_{i \in I} P(i|\hat{q}, \hat{I}) \tag{9-1}$$

公式中的I是候选的搜索答案或推荐物品集合，$\hat{q}$和$\hat{I}$分别是与q和i相关的信息（在推荐系统中，一般指用户和物品的画像），$P(i|\hat{q}, \hat{I})$则是根据这些信息计算出来的i匹配q的分值。在后面的内容中，为便于统一描述，常把用户、搜索的答案和推荐的物品等都统称为对象（Object）。如果将$P(i|\hat{q}, \hat{I})$视作概率，则其度量了用户q点击或购买i的可能性。无论是针对搜索，还是面向推荐，$\hat{q}$往往还包括用户的历史行为。用户的历史行为有助于分析用户的搜索意图，把握用户的个性化偏好，这些信

135

息都是完成精准搜索与推荐的前提。

传统的搜索与推荐模型大都基于用户的历史行为来产生结果。从用户的历史搜索、点击、购物、浏览行为中，习得用户行为的统计规律。比如，大部分购买了A商品的人也购买了B商品，那么当用户X购买了A之后平台也倾向于把B推荐给X。然而，即便大部分人的行为服从这一规律，对于特定用户X而言，他却未必在购买了A后还会购买B。对于不服从统计规律的用户，传统的统计模型只会简单地将其视为异常。

但事实上，任何用户的行为往往有其动机。传统模型由于数据匮乏难以捕捉个体行为背后的动机，只能将群体的行为特征简单地移植到个体上，因此只能提供千篇一律的服务，这样容易抹杀用户或对象的个体特性。虽然也存在大量的个性化模型，但它们也只是在一定程度上细化了统计模型的适用范围，难以改变其使用群体行为特征来服务个体的本质。

基于单纯的统计行为，搜索与推荐在准确性和召回率方面都存在一些局限性，而知识图谱则为突破这些局限性带来了新的机遇。例如，用户时常抱怨搜不到想找的答案或系统推荐的物品并不是自己喜欢的，其原因有以下几点。

（1）用户意图理解难。例如，对于查询关键词"姚明 身高"，传统搜索引擎并不能直接返回用户想要找的答案（2.26m），而是返回一堆包含关键词"姚明"和"身高"的网页。这是因为搜索引擎并没有准确理解用户是想知道"姚明"这个人物实体的身高数值。

（2）精准匹配难。例如，对于一个给自己打了"哲学系学生"标签的用户，系统很难直接根据这一标签为该用户推荐柏拉图、亚里士多德等哲学家的相关内容。这是因为系统缺乏与哲学相关的背景知识，所以难以实现超出字面匹配的语义推荐。

（3）个性化服务难。同样是搜索"排序 算法"，一个数据库开发程序员显然更希望找到一个外存排序算法或者SQL的排序代码；而一个内存算法工程师则可能更希望找到内存排序算法。

伴随着大数据技术与应用的发展，平台对于各种对象的理解日益深入，对于理解用户行为背后的动机也日益深入，这些理解在一定程度上可以通过知识图谱来表达。例如，表达画像标签之间语义关联的标签图谱，表达消费动机的电商场景图谱等。由此可以预见，各类搜索与推荐平台将大力发展基于语义知识的新型搜索与推荐模型。基于语义知识的搜索与推荐将成为基于统计行为的搜索与推荐的重要补充，千人千面式的精准搜索与推荐成为可能。

在搜索与推荐系统中，引入知识图谱能够显著提升系统的智能化水平和用户体验，有效解决以上问题及其他各种问题，这主要是因为：

（1）知识图谱有助于完善对象的画像。知识图谱作为背景知识可以丰富和增强对用户及各类互联网资源的描述。而精准、全面的画像则是实现精准的查询匹配（针对搜索）和物品匹配用户（针对推荐）的前提。

（2）知识图谱能发掘查询（用户）与答案（物品）之间的语义关联。语义失配问题的原因往往在于缺失了中间的语义关联链条。比如，为登山爱好者推荐登山杖，就需要通过"登山爱好者—喜爱登山—需要登山装备—包括登山杖"这样的语义链条来关联。

（3）知识图谱能为搜索与推荐提供可解释性依据。搜索与推荐结果的可解释性对于用户是否采信系统的结果十分关键。知识图谱中的符号化知识对用户而言是相对容易理解的。利用知识图谱中的概念、关系、关联路径等实现搜索与推荐结果的解释，是知识图谱为搜索与推荐带来的全新机遇。

（4）为用户的信息探索提供认知框架。为了增加用户黏性，系统在满足用户当前搜索与购物需求的同时，往往还要合理地组织当前结果，积极拓展当前实体的相关信息，这些都需要知识图谱提供认知框架。比如，搜索"柏拉图"，可以按照与柏拉图相关的事件、著作、好友等维度对当前搜索结果或者柏拉图的相关实体进行分类组织，便于用户洞察相关信息。

下面将介绍如何应用知识图谱来改进搜索与推荐系统，尤其是知识图谱在上述几个方面发挥的作用。

## 9.2　基于知识图谱的搜索

搜索是互联网用户获取网络信息最重要的手段之一，其在整个互联网行业中占据了重要的市场，有着巨大的商业价值。诸如Google公司这样的全球高科技龙头企业，其发展早期的核心业务也是搜索。Google公司还较早地预见到知识图谱与搜索业务关联密切，体现在：一方面，搜索引擎采集的海量网页可以作为知识图谱的数据来源；另一方面，知识图谱又可以大幅提升搜索业务的智能化水平，改善用户体验。因此，Google公司率先提出了知识图谱的概念并付诸实践，构建了大规模的知识图谱。

本节所讨论的搜索不局限于网页搜索，还包括邮件搜索、电商搜索、App搜索以及企业内资源搜索等任务，因此下面将相关的搜索引擎、平台、软件等统称为搜索系统。本节主要介绍知识图谱如何应用于搜索系统中，介绍其中的关键问题与相应的解决方案，而并非知识图谱中的搜索技术。

### 9.2.1　搜索概述

搜索实际上是一种用户发起的信息检索行为，其过程一般为：用户向系统提交查询（传统搜索引擎的查询一般是关键词查询），在系统接收到查询后，查找匹配查询的内容（如包含关键词的网页），查询结果经过排序后返回给用户。排序的依据除了内容相关性外还包括网页重要性（通常用PageRank等度量）。因为用户关心的内容很容易湮没在大量的排序结果中，带来较差的用户体验，因此搜索直达目标是搜索平台的核心诉求。

在知识图谱的支撑下，搜索系统越来越智能化，搜索直达目标日益成为现实，集中体现在对搜索意图的准确理解以及对搜索结果的精准匹配上。例如，知识图谱可以帮助系统准确地识别"李娜 赛事"这样的搜索关键词。借助于知识图谱，系统可以理解用户想搜的是网球明星李娜，而不是歌星李娜，从而实现精准的意图理解。另外，通过知识图谱可以识别网页内容中的实体，理解其中的主题，这样系统就会返回网球选手李娜相关的网页，而不是其他李娜的人物网页，从而实现精准匹配。

此外，搜索系统还可以拓展搜索结果，呈现"李娜"的相关实体。在Google上还会展示"李娜"知识卡片，以帮助用户了解目标实体的基本信息。这些搜索的相关信息均来自知识图谱，为人们带来了搜索引擎应用知识图谱后的直观感受。

上述的搜索例子属于实体搜索（Entity Search），即搜索的目标是实体及其相关信息，而不再是网页，它是知识图谱在搜索中的典型应用。本节主要结合实体搜索展开基于知识图谱的搜索技术介绍。知识图谱的实体搜索的基本过程主要包括以下四个步骤。

第一步，搜索意图理解。该步骤的任务是确定用户搜索的真实意图，即从用户提交的查询中识别出用户希望查找的目标实体，并为执行下一步工作生成目标实体的查询条件。

第二步，目标查找。在目标实体的查询条件明确后，用查询语句（如SPARQL）或设计某种算法在知识图谱中查找出目标实体及其相关内容，然后返回给用户。

第三步，结果呈现。这是整个搜索流程中的重要步骤。如果目标实体不唯一，就需要对所有结果实体排序后再呈现给用户，排序应该有合理的依据。此外，多个目标实体可能属于不同的类型，或者目标实体的相关结果内容繁杂（例如要展示实体的各个属性），这时还要对结果内容进行合理的分类，有组织地呈现给用户，这样才能给用户提供好的搜索体验。

第四步，实体探索。为了增加搜索结果的多样性，提高商业附加值，增加用户对系统的黏性，搜索系统往往还要呈现目标实体以外的关联内容（一般是相关的实体），这属于实体探索的范畴。例如，搜索"刘德华"，系统除了呈现刘德华本人的相关信息，还可以列出刘德华主演的电影或演唱的歌曲等，这些都是用户可能感兴趣的内容。而对相关内容进行选择时难免会引入噪声，因此，筛选内容并有组织、有结构地展现这些内容，都是在这一步骤中要解决的关键问题。

下面针对这四个步骤涉及的部分技术环节，尤其是知识图谱在其中如何发挥作用，分别进行介绍。

## 9.2.2　搜索意图理解

准确理解用户的搜索意图是搜索系统要完成的第一个任务，即准确定位搜索的目标。用户的搜索意图总体而言十分复杂，一般而言，用户搜索意图可以分为以下三类。

导航类意图：用户想访问的网址。

信息类意图：用户想获得的关于某个主题的信息。

事务类意图：目的是以网络为媒介的某种活动，如购物、下载互联网资源等。

无论是上述何种意图，都需要根据用户提交的查询来获知用户的搜索目的。用户查询一般是一个或多个关键词，或短语、短句等文本形式。基于搜索关键词的意图理解可视为根据查询文本形成用户意图"理解"的过程。根据"理解"的形式又可分为主题分类、语法解析和语义解析等几类任务。

主题分类的输出是查询的主题，明确用户查找的是什么类型的实体。例如，用户是想查找项目、文件、人物、地点、商品，还是一段代码？对实体搜索而言，主题分类通过对候选的实体类别进行排序来求解。类别排序的依据则是基于给定的查询内容。

语法解析的输出是查询中关键词的词性标注或者语法修饰关系。不同于问答系统中的对话文本，查询文本往往不符合语法规则，因此正确地标注各关键词的词性，解析关键词之间的语法关系，是理解搜索意图的关键任务，其主要目的是确认查询的核心词（对应目标实体）与修饰词（往往限定了目标实体的属性特征）。

为完成该任务，一般还需要进行查询分割（Segmentation）、关键词标注（Tagging）等NLP操作。

要让系统做出如此准确的判断，一般需要基于知识图谱设计正确的查询模板（Template）。例如，凡是工作岗位名称和表示地点的名词同时出现，则查询的目标是工作岗位，而地点是用来限定工作岗位所在地的。如果存在大量的标注样本（带词性标注或者修饰关系标注的查询），也可以训练相应的标注模型。一般大规模的搜索平台可以根据用户的点击情况自动生成此类弱标注数据。例如，搜索了"smart cover iPhone X"的用户大部分都在点击手机壳相关的页面，这从一定程度上说明了"iPhone X"是在修饰"smart cover"。

语义解析的输出是查询中关键词对应的语义角色，其比语法解析更加关注查询关键词之间的语义关联。对于每个关键词，首先要明确语义上的类别而不是简单的语法标记（如词性）。例如，在与航班相关的查询"上海旧金山航班直航"中，"航班"是目标，即主题类型，"上海"位置在前，一般是航班的起始地，"旧金山"则是目的地，"直航"则限定了要查询的是非中转航班。一般来说，需要为不同类型的搜索预先定义不同的语义角色及它们之间的修饰关系。比如，为了理解上面的例子，需要定义"起点""终点""是否经停"等语义角色，在实际解析时要将关键词映射到相应的语义角色。类似于语法角色标注，可以定义规则，也可以根据标注样本学习语义角色标注模型。

在语义解析中，一个尤为重要的子任务是搜索关键词中的实体理解，包括实体识别与实体链接。实体理解是意图消歧的重要步骤，往往需要借助上下文和知识图谱的信息来消除歧义。例如，当用户查询"乔丹价格"时，通过"价格"可知这里的"乔丹"是指运动品牌，而不是指一个人物。在明确了这里的"乔丹"是指运动品牌后，才能明确用户的搜索意图是希望了解"乔丹"牌商品的价格。

需要特别强调的是，基于搜索关键词的用户意图理解颇具挑战性。首先，查询文本往往不符合严格的语法规则。其次，查询文本往往是短文本，能从中获取的上下文信息比一般的文档要少。知识图谱对于用户搜索意图理解的作用主要体现在其能够帮助搜索系统提高短文本理解能力。

### 9.2.3　目标查找

搜索意图理解的结果构成了目标实体查询的条件，接下来需要根据这些查询条件生成查询语句或使用特定的算法从知识图谱中找出目标实体。

最直接的方法是根据查询条件生成SQL或SPARQL查询语句，然后在知识库或知识图谱中执行查询语句来找到结果或目标实体。一般的解决方案是根据预先定义的规则模板生成相应的查询语句。近年来，已有一些相关研究专注于从自然语言查询直接生成SQL或者SPARQL查询语句。

此外，还可以为每类查询条件定制相应的搜索算法，如基于倒排索引的关键词检索就属于这一类。近年来，以知识图谱为信息来源直接提供答案的查询算法也出现了不少。例如，针对查询"上海的985高校"，可先在概念图谱（如CN-Probase）中定位到概念"985高校"，并检查其下的每个实体（即概念的每个实例），凡是"地理位置"属性的值为"上海"的实体都可作为查询的结果。对于查询中出现的多个概念名，则可以取每个概念下的实体集合的交集作为查询结果。例如，查询"金砖国家 东亚国家"的目标实体应为中国。

### 9.2.4　结果呈现

结果呈现一般分为两个子任务：结果排序以及结果内容的分类与组织。

当目标实体不唯一时，需要指定排序的原则，来对多个答案（实体）进行排序。常见的实体排序依据包括以下几类。

（1）在知识图谱网络结构中的重要性：通常可以计算结果实体在知识图谱网络结构中的重要性，例如，将PageRank值作为实体排序的依据。

（2）实体的流行度：一个实体越流行，越有可能是用户期望看到的实体。实体流行度有多种评估方法，可以用语料库提及该实体的频次，也可以用百科中相应词条的用户浏览次数来评估。

（3）与查询的相关性：例如，对于查询"古希腊的哲学家"，实体"柏拉图"就比"赫拉克利特"更被人们所熟知，因而与查询更为相关。

在实际应用中，往往要综合考虑上述几个依据。例如，对于查询"古希腊的哲学家"（对应一个概念c），每一个候选实体e的排序分值可按照P（e）P（e|c）计算，其中P（e）体现的是e本身的流行度，P（e|c）体现的是e在c的实例中的典型性。

除了结果排序外，对结果内容进行合理的分类与组织也很重要。例如，如果用户搜索"复旦大学"，匹配的内容可能会包括相关人物（如主要领导、知名校友和学者等）、主要机构、历史事件、相关新闻等。如果能将这些信息分类、组织并呈现出来，将十分有利于用户全面了解查询结果，实现该功能的关键是对属性的重要性进行排序，以决定优先展现实体的哪些属性。例如，在高考期间搜索各大学，平台展现大学相关信息时，"历年录取分数线""优势学科与专业"就比"知名校友""相关新闻"等更应优先呈现。一般而言，可以针对高频的实体类别（概念）人工设定关键属性，而对于低频的实体类别，则可以基于用户点击日志等挖掘该类别的关键属性。也可以尝试一些摘要生成技术，将相似结果聚类，并生成每个类别的摘要性描述。这些设想目前见诸论文的还不多，但是在很多垂直搜索和企业内部搜索领域有日益旺盛的需求。

## 9.2.5　实体探索

实体探索是实体搜索基本过程的最后一步工作，其目的在于拓展目标实体之外的相关内容并向用户有效地呈现（往往是展现相关实体）。实体探索是提升搜索多样性的关键，主要内容包括：相关实体发现、实体摘要（Entity Summarization）和相关实体解释。

### 9.2.5.1　相关实体发现

相关实体可视为用户当前搜索意图的一种扩展与延伸，能够延长用户在搜索系统上的停留时间，不仅能提升用户的搜索体验，还有可能进一步创造商业价值。例如，电商领域中的交叉销售与连带销售就是针对用户刚刚搜索完的某种商品，向其展现（推荐）与该商品高度相关的其他商品，这些商品很有可能也会引起用户的兴趣，从而带来新的销售机会。

两个实体的相关性一般体现在两者具有关联关系或相同的概念。一方面，一些实体对可通过某种关系直接关联，例如，人物实体"姜山"通过"丈夫"的属性关系与"李娜"直接关联。另一方面，一些实体对因为有相同的概念而相关，例如，"彭帅"和"李娜"都是"中国网球运动员"，"德约科维奇"与"李娜"都是"网球大满贯冠军"，这些相同的概念决定了搜索"李娜"时，推荐"彭帅"和"德约科维奇"是合适的。此外，两个实体在语料或者搜索会话中高频共现也是两者相关的重要证据。

### 9.2.5.2　实体摘要

实体摘要有多种展现形式，比较流行的是通过文本和图的形式展现实体的相关信息。

（1）文本式摘要。在维基百科和百度百科这类百科网站中，每个词条页面中的信息框（Infobox）就是一种文本式摘要。这些信息摘要是由互联网用户编辑并经过严格审核的。搜索系统可以直接从中抽取摘要的文字信息反馈给用户。此外，也可以根据文本摘要生成方法从实体相关语料中自动生成摘要。

值得注意的是，实体本身具有的很多属性信息是生成摘要的重要指引。以属性为模板结合实体描述文本自动生成的摘要，对搜索用户更加友好。另外，对于具有丰富属性信息的实体，还要设计相关的属性筛选算法来选出最重要、最相关的属性信息放入摘要中。

（2）图形化摘要。文本式摘要的内容详尽但是形式不够友好，另一种重要的摘要形式是形象、直观的图形化摘要。图形化摘要常用于对相关实体（或概念）进行筛选、分类、组织与展示，与知识图谱的可视化密切相关。图形化摘要的关键问题是，大多数相关实体通常需要经过筛选与组织后才能让用户更好地理解。

有两类解决这一问题的典型思路。第一类思路是针对相关实体进行层次化聚类，并赋予类标签，使得用户可以按照浏览需要逐层探索相关实体。第二类思路是针对相关实体与目标实体的相关性进行排序，从而实现一种渐进式（Progressive）的展现方式，BabelNet和CN-DBpedia的展示系统都采取了这种方式。

### 9.2.5.3　相关实体解释

随着智能应用的进一步发展，仅向用户展现相关的实体已经难以满足用户的搜索需求，对展现结果的合理解释显得日益必要，后者是提高结果的可信度和用户体验的关键。可解释的相关实体发现（即实体推荐）目前还是一个相对新颖的话题，已有一些研究工作利用实体的概念来解释所发现的相关实体。对用户而言，这也是实体探索的一种重要功能。

## 9.3　基于知识图谱的推荐

本节先针对推荐系统的基本问题与挑战展开论述，然后从物品画像、用户画像、跨领域推荐和可解释推荐等方面分别介绍利用知识图谱改善推荐效果的算法和模型。

### 9.3.1　推荐的基本问题与挑战

推荐的任务可以形式化地表述为：给定一个用户$u$和一组候选物品（也称为项目

或资源）集合I，为I中每个候选物品i计算出u会喜好i的匹配分值，然后根据匹配分值筛选出要推荐给u的物品。这里所述的喜好，视具体的推荐场景而表现为购买、点评、浏览等用户行为。若仅需要为用户u推荐最相关的物品，则推荐任务的目标可以建模为寻找 $i_0 = \arg\max_{i \in I} P(i|\hat{q}, \hat{I})$（即将公式（9-1）中的q用u表示）。若推荐多个物品，则只需根据推荐的物品数n将I中的物品按照匹配分值的降序取列表的前n个。计算物品匹配分值P的主要依据是 $\hat{u}$，即用户u的相关信息。因此，针对不同的用户，推荐模型会产生不同的推荐物品，这正体现了推荐系统的个性化特征。实现千人千面的推荐不仅是个性化推荐系统的基本要求，也是设计推荐算法最主要的挑战。

### 9.3.1.1 基于协同过滤的推荐

目前，各类推荐算法层出不穷，其分类也存在多种标准，常用的一种分类法将推荐算法大致分为基于协同过滤的（Collaborative-filtering-based）、基于内容的（Content-based）和混合的（Hybrid）三大类。其中，基于协同过滤的推荐算法目前应用得最广泛，其基本原理是根据用户之前的喜好或者与他兴趣相近的其他用户的选择来向该用户推荐物品。这类算法又可细分为基于记忆的（Memory-based）和基于模型的（Model-based）两类。无论是哪类协同过滤算法，系统都需要获取用户对物品的历史交互信息（Interaction），包括用户的购买、评分、浏览等行为记录。如果用behavior（u）表示用户u的行为记录，则协同过滤算法所计算的物品i与用户u的匹配分值P可以表示为：

$$P（i|behavior（u）） \tag{9-2}$$

这类算法对behavior（u）数据有显著依赖，这导致了以下几个影响推荐效果的关键问题

（1）冷启动问题。新用户或者新物品在系统中没有充足的历史交互数据可用于对用户/物品间的相似性进行分析，这使得新物品很难被推荐，而对于新用户，系统也因难以获知其兴趣、偏好而无法做出有效推荐。

（2）数据稀疏问题。在一个大型推荐系统（网站）中，不少物品（尤其是比较冷门的物品）并没有或只有很少的用户交互记录，交互数据稀疏使得对这些物品刻画精准画像十分困难，这导致很多基于模型的方法（如矩阵分解）的效果下降。

### 9.3.1.2 基于内容的推荐

相比较而言，基于内容的推荐算法则通过对用户的偏好特征（即 $\hat{u}$ =content（u））和物品的描述特征（ $\hat{i}$ =content（i））进行提取，在特征表示的基础上计算用户与物品的匹配分值，从而实现准确的推荐。虽然这类方法不需要收集用户与物品的历史交互信息，避免了冷启动和数据稀疏问题，但也同样面临着一些挑战。

（1）特征描述问题。很多基于内容的推荐系统利用社会化标签来描述用户与物品的特征，但现实的系统中仍存在大量未标注过的用户/物品，并且不同人对同一事

物、概念会产生不同的标签描述，容易引入噪声。此外，音频、视频、图像等多媒体对象往往难以用文字进行直观、简单的描述。

（2）同义/多义词问题。同一物品常常有多个名称，或者同一个条目常常对应多个不同的物品。例如，"十面埋伏"既可以是一个成语，也可以是一部电影、小说，甚至还可以是衍生的游戏、歌曲或剧目的名称。一词多义现象使得系统难以从文字表面准确区分不同的实体，从而造成特征错配与误表，影响推荐效果。

（3）同质性问题。基于内容的推荐算法与基于协同过滤的推荐算法都缺乏推荐结果的多样性。用户往往只能得到与自己兴趣相匹配的物品，推荐给用户的也都是其以前喜好的同类物品（例如给刚刚买过电视机的用户推荐其他电视机，这显然不合理），难以发掘用户未知的新兴趣点（即没有表现在历史交互记录中，但用户实际上会喜好的物品）。

### 9.3.1.3　基于知识的推荐

推荐算法的核心是用户u与待推荐物品i的关联匹配，获得u与i的精确画像是匹配的前提。用户行为特征（behavior（u））或者用户/物品的内容的特征（content（u）或content（i）），为提取u与i的精确画像提供了依据。但是由于数据缺失，用户与物品的画像仍有很大的提升空间。一个直接的想法是补入各类关于用户与物品的"知识"，以弥补原始数据的不足，从而完善用户与物品的画像。因此，这一类被称为基于知识的推荐算法的优化目标可以形式化地表示为：

$$\arg\max_{i\in I} P(i|knowledge(u,i)) \tag{9-3}$$

其中的knowledge（u，i）是一种广义上的知识。一般来说，与推荐系统中的用户或物品有关的信息都可以理解为知识，例如，用户的社交网络信息、商品目录等。另外，不同的推荐场景和推荐对象涉及的知识是不同的。"基于知识的推荐系统"一词在2000年左右就被提出，但是早期推荐算法中的知识无论在规模还是形式丰富性方面都远远不及当前的知识图谱。比如，传统的基于约束的推荐系统通过与用户的交互获知用户对物品的特定需求，将其刻画为约束条件或规则集合。但是，基于与用户反复交互而获得的知识在规模和多样性上都是有限的。

## 9.3.2　基于知识图谱的物品画像

本节介绍如何使用大规模知识图谱中蕴含的丰富知识，弥补传统推荐系统中缺失的数据，使物品画像更精确，提升推荐效果。基于知识图谱的物品画像算法分为显式模型与隐式模型两大类。

### 9.3.2.1　显式物品画像模型

显式物品画像算法利用知识图谱中实体的相关属性值（如电影的演员、歌曲的歌手、图书的作者等）作为物品的背景知识，用这些知识来判断两个物品间关联程度（或相似度）的强弱。根据相似度计算方法的不同，其可分为：基于属性向量的表示模型和基于异构信息网络的关联模型。下面主要针对电影推荐场景展开介绍，但相关模型同样可以推广到其他类型物品的推荐场景中。

（1）基于属性向量的表示模型

以电影画像为例，这类模型利用电影的属性为每部电影生成一个表示向量。具体而言，对于一部电影m，先用向量 $v_p \in R^n$ 来表示其属性p的向量，其中n是属性p中不同取值的总数（如全体演员人数）。这里的属性一般只考虑可枚举属性（如电影的演员、导演和类型），而不考虑数值型属性（如电影的时长）。如果电影m在属性p上的值是属性p值域中的第i个值，则其属性向量$v_p$的第i维值为1，剩余维度的值都为0（多值属性的向量会有多个维度的值为1）。一般需要借助TF-IDF思想为每个维度计算一个更加精细的分值，相应的"TF-IDF"值可以根据属性p的特点进行计算。例如，假设电影m有一个演员a，则在m的演员属性向量中a所对应维度的"TF"值可设为a在m的演员表中排序的倒数（体现了a在m中的重要程度），而"IDF"值则可与a参演的电影数量（或电影类型数量）成反比。

基于属性向量，两部电影在某属性p上的相似度可通过$v_p$的余弦距离进行量化，然后进一步计算一个用户u对某部电影$m_i$的喜好评分：

$$v_i = \frac{\sum_{m_j \in M(u)} v_j sim(m_j, m_i)}{|M(U)|}, sim(m_j, m_i) = \frac{\sum_p \alpha_p(m_j, m_i)}{p} \qquad (9-4)$$

其中，$v_j$是用户u对电影$m_j$的喜好评分，sim（$m_j$, $m_i$）是电影$m_j$与$m_i$的综合相似度，M（u）是用户u喜欢的电影（根据不同场景可以有不同的认定标准）集合；右式中，$\alpha_p$是属性p的权重（可通过训练习得），$sim_p$（$m_j$, $m_i$）是电影$m_j$与$m_i$在属性p上的相似度（即它们的属性p向量的余弦距离），P则是所有属性的数量。

公式（9-4）体现的算法基本思想是：如果$m_i$与用户u评分较高的电影$m_j$相似，则电影$m_i$值得推荐给用户u；而$m_j$与$m_i$的相似度通过对它们各个属性向量的相似度进行综合计算获得。该思想其实也与基于电影的协同过滤原则一致，但是对电影间相似度的计算不再基于用户评分的历史记录，而是基于电影的属性（即知识）相似度。

（2）基于异构信息网络的关联模型

在知识图谱中，不同电影的实体可能在某个属性上链向同一个实体，例如两部电影可以拥有相同的导演或者演员。如电影《战狼1》与《战狼2》的电影知识图谱，两部电影之间存在多条、多种类型的链接路径，这些路径刻画了两部电影之间的关联程度或相似性，可作为刻画电影精准画像的依据。

例如，图中路径"战狼1$\overline{主演}$吴京$\overline{主演}$战狼2"和"战狼1$\overline{isA}$吴京$\overline{isA}$战狼2"表明

电影《战狼1》与《战狼2》非常相似，因为它们都是吴京主演的军事电影。因此，向一个看过《战狼1》的用户推荐《战狼2》，准确率会很高。关于利用链接路径来度量两个节点相似度的算法思想，已有大量的研究成果。

### 9.3.2.2　隐式物品画像模型

上述基于属性向量的显式模型在语义表达能力上仍然存在局限性。比如，两部电影的主演一个是成龙，一个是李连杰，相应的属性向量余弦距离为0，但根据常识可知成龙与李连杰都是功夫明星，他俩主演的电影作品在主题上往往是很接近的。基于属性向量的物品画像模型还存在稀疏性问题（即向量绝大部分的维度取值为0）。伴随着深度学习模型的发展，基于低维稠密实值向量的隐式物品画像模型因其具有强大的语义表达能力，得以快速发展。

基于隐式物品画像的推荐算法大都利用某种表示学习（Representation Learning）方法（往往是深度学习模型）将知识图谱中的物品相关知识先表示成向量（常称为Embedding），再在此基础上进一步生成物品的综合表示向量（即物品画像），然后将其输入深度神经网络中计算出用户与物品的匹配分值，从而实现推荐。

在基于知识图谱的隐式物品画像模型中，两个物品即便没有共同的属性值，但只要潜在关联（比如通过较长的链接路径建立起的多阶联系）足够多，它们的表示向量在向量空间中也有可能很接近，相似的物品因此仍有机会被准确识别出来。下面介绍两类隐式物品画像模型，分别是基于结构特征的图向量（Graph Embedding）模型和基于非结构特征的自动编码器模型。

（1）基于结构特征的图向量模型

这类模型基于知识图谱的结构特征学习图中节点（包括物品与用户节点）的表示向量，这些向量是物品画像的基础。这类模型又可大致细分为基于随机游走的图向量模型和基于距离的翻译模型两类。

在基于随机游走的图向量模型中，最基础的版本是DeepWalk。其基本思想是，在图中先按一定的规则选择起点发起多次随机游走，在每次随机游走中所经过的节点被认为是与起始节点相关的节点，它们与起始节点一起构成正样本，而其他未经过的节点则经过随机采样构成负样本，最后将正负样本输入Skip-gram模型，利用该模型习得所有节点的表示向量。

近年来，在DeepWalk的基础上又衍生出很多变种模型，以满足不同场景的要求。

另一类基于距离的翻译模型则是从TransE模型演化而来的，是专为知识图谱的表示而设计的模型。

（2）基于非结构特征的自动编码器模型

自动编码器（Auto-encoder）也是一种流行的深度学习模型，常被用于数据压缩、降维和特征提取。自动编码器会尽可能地在输出层重建输入数据，而其中的隐藏层尽管要比输入层和输出层规模小，但其中包含的信息足够代表输入数据的特征，因此可作为表示学习的输出。

除了知识图谱结构化特征所蕴含的知识，互联网上能够刻画物品特征的其他非结构化信息同样可视为物品的相关知识，例如文本、图像等多媒体数据。引入这些非结构化信息可以进一步丰富物品画像的内容，从而解决传统推荐系统中的数据稀疏问题。针对非结构化信息，使用自动编码器可习得其特征表示向量。

### 9.3.3　基于知识图谱的用户画像

知识的加入不仅有助于完善物品画像，也利于进一步完善用户画像，利用知识图谱准确理解用户的搜索意图，也可视作一种用户画像的完善。本节将介绍一些利用知识图谱来完善用户画像的代表性算法。

#### 9.3.3.1　基于概念标签的用户画像

标签一般以单词或短语的文本形式呈现，被广泛应用于各类网站与应用系统中的用户描述，包括用户的社会属性、兴趣爱好等特征。标签已被证明是对用户画像简单、直接且有效的刻画方式。用户的标签来源于多种渠道，包括用户注册数据、用户自己打的标签（如对电影或图片的标注），以及利用机器学习算法从用户的行为中挖掘出的标签（如评论的关键词，购买过的商品类型、品牌等）。

利用知识图谱中的同义词/近义词信息、实体的分类（所属概念）和属性等信息可以对已有标签做进一步的补充与完善，从而使画像的标签更加准确、完整、精细。一般而言，知识图谱有助于改善基于标签的画像中存在的以下问题。

（1）标签不准确。例如，一个关于王宝强离婚案的新闻内容中只出现了名字叫"宝强"的人物，而只打上人物标签"宝强"容易产生歧义，借助知识图谱则可以准确识别出新闻中提及的人物是王宝强，因此应该为其打上规范的人物标签"王宝强"。

（2）标签不完整。还是关于王宝强离婚案的新闻，利用知识图谱中的人物关系，可以补充"马蓉、宋喆"等与这一事件关系密切的人物标签，这些补充的标签能为后续的搜索、推荐等任务提供更直接、充分的依据。

（3）标签语义失配。一般来说，越具体的标签对用户或物品特征的刻画能力越强。例如，"篮球迷"标签代表的用户群体过于庞大，不足以精确刻画用户的个性化特征，而"姚明""科比"这样的标签才能清晰地表明用户是这些篮球明星的粉丝。但是过于精细的标签有时也易造成类似机器学习中的过拟合问题，标签必须进行适当的泛化，才能实现期望的语义匹配。

#### 9.3.3.2　基于深度学习的用户画像

在大多数个性化推荐系统中，用户的偏好都是基于用户曾经喜好的物品推断而得的，因此很多基于深度学习的用户画像模型都是在物品画像的基础上生成用户画像。下面简要介绍两类典型的基于深度学习的用户画像模型。

一类是针对序列化推荐（Sequential Recommendation）任务的深度画像模型序列化推荐的任务根据用户历史上交互过的物品以及交互的先后时间顺序来预测用户接下来会交互的物品，其输入是用户与物品的历史交互序列，其输出是用户下一个要交互的物品。模型结合用户的历史交互记录与知识图谱数据先产生用户喜好的物品表示向量（即物品画像），再将其综合成用户的偏好表示向量（即用户画像），并存入一个键值对记忆网络（Key-Value Memory Network，简称KV-MN）。记忆网络是一种深度神经网络，可存储各种表示向量，并能根据新产生的交互记录及时更新其存储的信息。

另一类是基于兴趣传播的深度画像模型。RippleNet推荐系统是这类工作的典型代表。其基本思想是：用户的偏好不仅能用其历史上交互过的物品来表征，与这些物品关联的其他实体（通过知识图谱发现）也能在一定程度上表征用户的偏好。该模型首先将用户的历史交互物品（对应知识图谱中的某些实体节点）视作用户的原始兴趣，然后通过迭代计算得到用户喜好物品的K阶邻居（即知识图谱中通过K步跳转可达的邻居）的表示向量。整个过程可视作用户的兴趣传播，距离越远的邻居（即K越大）能表达用户兴趣的程度越弱，如同涟漪散开的波纹，该模型的名称由此而来。例如，一个看过电影《战狼1》的用户，其兴趣偏好在一定程度上体现在演员吴京和电影《战狼2》上，因为它们分别是"战狼1"节点的1阶邻居和2阶邻居，与电影《战狼1》高度相关。因此，一个用户u的偏好表示向量u（即u的画像）可以按照如下公式计算：

$$u = o_u^1 + o_u^2 + \ldots + o_u^k \tag{9-5}$$

公式中的 $o_u^i$（$1 \leq i \leq K$）表示用户u的i阶邻居向量，在实际计算中它包含了i步可达的邻居信息。

### 9.3.4　基于知识图谱的跨领域推荐

跨领域推荐是推荐系统研究的一个重要分支，不同领域的异构性（用户不同、物品不同、特征不同等）给跨领域推荐带来了巨大的挑战。如何有效关联异构的表示是跨领域推荐的关键。知识图谱中的丰富背景知识为关联与桥接不同领域的用户与物品带来了全新的机遇。相关的推荐模型不仅能发掘不同领域中各类物品的潜在关联，还能发掘不同领域中异构特征的语义关联，知识图谱的引入主要起到了不同领域间的关联与桥接作用。下面详细介绍知识图谱在异构领域间的实体关联和特征语义关联这两方面的应用，以及相应的跨领域推荐算法。

#### 9.3.4.1　跨领域的实体关联

用户的兴趣点（Point of Interest，简称POI，一般指地理位置）在很大程度上能反映用户的个人偏好，这些POI通常作为一类实体存在于知识图谱中。因此，利用知识图谱往往能发现POI与用户喜好的物品（如音乐、电影等）间存在潜在关联。例如，先利用英文知识图谱DBpedia构建了一个丰富的语义网络，包含POI、音乐家等实体，以及其类别与属性等。然后，通过一种基于图的权重迭代传播算法计算用户所在的POI与一些音乐家的相关度，从而为用户推荐音乐家。例如，一个将维也纳国家歌剧院（Vienna State Opera）关联到奥地利籍作曲家Gustav Mahler的语义网络，涵盖了建筑的类型、地址、建造时间等信息，以及音乐家的出生年代、逝世地点、作曲风格等信息。该语义网络中从最左边的源头节点（歌剧院）到最右边的目标节点（音乐家）的连通路径是两者存在关联的证据，也是跨领域推荐的重要依据。在整个语义网络中，为了找出最匹配POI的音乐家，需要计算所有目标节点（待推荐音乐家）与源头节点（用户POI）的关联程度，并推荐关联最紧密的目标节点。

### 9.3.4.2 跨领域的特征语义关联

很多传统推荐算法需要先找出用户与物品的特征，再基于这些特征之间的相似性来计算用户与物品之间的匹配程度，相似性评估往往要求特征来自同一领域或属于同一特征空间，换言之这些特征必须是同构的。在跨领域推荐的场景中，有一类具有重大应用价值的跨领域推荐任务，即用户与物品分别来自不同领域，例如，为微博用户推荐豆瓣网站上的电影。用户与物品分属于不同领域，各自的特征表示往往也是异构的，这是这类跨领域推荐任务的主要挑战。

针对这类跨领域推荐任务提出了一种利用知识图谱发现异构特征（即标签）间语义关联并实现推荐的算法。该算法利用百科图谱来计算不同标签间的语义相似度。具体而言，首先将标签映射到百科图谱中的某个实体，标签实体对应的百科词条页面间的超链接可视为标签之间的某种语义联系，这样就构建出了一个由标签实体及其超链接关系构成的知识图谱。然后，在该知识图谱中应用显式语义分析（Explicit Semantic Analysis，简称ESA）模型为每个标签实体i生成一个语义向量$[c_1, c_2\cdots, c_E]$（向量的维数是所有实体的总数）。向量每一维的值$c_j$（$1 \leqslant j \leqslant E$）刻画了标签实体i与其超链接实体j的语义相为项。ESA模型的设计原则使得具有较强语义关联的两个标签实体的语义向量也会比较接近，因此它们语义向量间的距离（如余弦距离）即可作为两者的语义相似度。

## 9.3.5 基于知识图谱的可解释推荐

推荐系统（算法）的效果不仅体现在推荐结果的准确性方面，也体现在推荐结果的可解释性方面。推荐结果的可解释性在实际应用中日益受到关注。结果是否可解释往往决定了用户是否会接受推荐结果，因此可解释性成为评价推荐效果好坏的重要因素之一。

已有的可解释推荐系统一般分为两大类。第一类系统注重设计具有可解释性的推荐模型，在设计模型时往往以用户挑选喜好物品的行为机制为出发点，为模型输入更多的可解释特征，使得模型产生的推荐结果具备较强的可解释性。这一类可解释推荐系统占比较高。第二类系统则侧重于为推荐结果寻找可解释的依据或原因，并通过合适的形式展现出来（如显示解释文本），这类系统一般被称为事后（Post-hoc）可解释推荐系统。无论哪一类可解释推荐系统，都会从多个维度寻找物品被推荐的可解释缘由，包括用户/物品的特征、文本信息（包括用户对商品的评论、商品的描述等）、商品的图像信息、用户的社交关系等。知识图谱中蕴含的丰富语义信息也是推荐结果可解释的重要依据，在两类可解释推荐系统中都能发挥作用。

在第一类可解释推荐系统中，应用知识图谱的算法目标可以形式化地表述为：对于给定的用户u与物品i，根据相关知识图谱KG，计算用户u与物品i的匹配分值。

$$s(u, i | P_{KG}(u, i)) \tag{9-6}$$

公式（9-6）表明分值s取决于$P_{KG}(u, i)$，即KG中链接u和i的路径集合。这些路径是设计可解释推荐模型的核心，也是推荐结果可解释的依据。例如，《战狼1》和《战狼2》，两部电影拥有共同的演员（吴京）及其同属于"军事电影"都是把《战狼2》推荐给看过《战狼1》的用户的重要依据，将它们作为重要特征输入推荐模型，可以提升模型的可解释性。

事后可解释推荐系统则倾向于在知识图谱中寻找用户与被推荐物品间的关联路径，并以此作为推荐结果的可解释性依据。首先，将用户、商品、商品品牌、评论关键词等组成一个商品知识图谱，在其中用广度优先算法找出所有关联用户和商品的路径，然后基于路径上每个节点（实体）的向量计算每条路径的分值，最后将分值最高的路径作为结果的可解释性依据展现出来。

# 参考文献

[1]李涓子，侯磊. 知识图谱研究综述[J]. 山西大学学报：自然科学版，2017，40（3）：454-459.

[2]朱木易洁，鲍秉坤，徐常胜. 知识图谱发展与构建的研究进展[J]. 南京信息工程大学学报：自然科学版，2017，9（6）：575-582.

[3]张洪，孙雨茜，司家慧. 基于知识图谱法的国际生态旅游研究分析[J]. 自然资源学报，2017，32（2）：342-352.

[4]Lu, Ruqian, et al. "A Study on Big Knowledge and Its Engineering Issues", IEEE Transactions on Knowledge and Data Engineering, 2018.

[5]Wu, Xindong, et al. "Knowledge Engineering with Big Data", IEEE Intelligent Systems, vol. 30, no. 4, pp. 46-55, 2015.

[6]赵宾，董颖，杨晓杰. 国内信息生态研究的知识图谱与热点主题——基于文献计量学共词分析的视角[J]. 情报科学，2017，35（9）：61-66+164.

[7]Schmitz M, Bart R, Soderland S, et al. Open language learning fbr information extraction[C]//Proceedings of the 2012 Joint Conference on Empirical Methods in Natural Language Processing and Computational Natural Language Learning. Association fbr Computational Linguistics, 2012: 523-534.

[8]Navigli R, Ponzetto S P. BabelNet: Building a very large multilingual semantic network[C]//Proceedings of the 48th annual meeting of the association fbr computational linguistics. Association fbr Computational Linguistics, 2010: 216-225.

[9]张苗，兰梦婷，陈银蓉. 国外土地利用与碳排放知识图谱分析——基于CiteSpace软件的计量分析[J]. 中国土地科学，2017，31（3）：51-60.

[10]林玲，陈福集. 基于CiteSpace的国内网络舆情研究知识图谱分析[J]. 情报科学，2017，35（2）：119-125.

[11]孙国涛，李靖，邱凤霞. 国内健康教育领域研究现状、热点与前沿知识图谱分析[J]. 现代预防医学，2018，45（8）：1436-1440+1461.

[12]陈曦. 面向大规模知识图谱的弹性语义推理方法研究及应用[D].浙江大学，2017

[13]周丹，王雁，胡玉君. 二十一世纪以来国际融合教育教师研究热点——基于科学知识图谱的可视化分析简[J]. 中国特殊教育，2017，（12）：11-18.

[14]Roberto Navigli and Simone Paolo Ponzetto. Babelnet: Building a very large multilingual semantic network. In Proceedings of the 48th annual meeting of the association for computational

linguistics, pages 216-225, Uppsala, Sweden, 2010. Association for Computational Linguistics.

[15]Xing Niu. Xinruo Sun, Haofen Wang, Shu Rong, Guilin Qi, and Yong Yu. Zhishi. me—wcaving Chinese linking open data. In Tlie Semantic Web-ISWC 2011, pages 20-220. Springer, Berlin, Heidelberg, 2011.

[16]Zhigang Wang, Juanzi Li, Zhichun Wang, Shuangjie Li, Mingyang Li, Dongsheng Zhang. Yao Shi, Yongbin Liu, Peng Zhang, and Jie Tang. Xlore: A large-scale english-chinese bilingual knowledge graph. In Proceedings of the 12th Inteniational Semantic Web Conference (Posters & Demonstrations Track) - Volume 1035, pages 121-124, Aachen. Germany, Germany, 2013, CEUR-WS.org.

[17]盛明科. 中国政府绩效管理的研究热点与前沿解析——基于科学知识图谱的方法[J]. 行政论坛，2017，24（2）：47-55.

[18]谭玉，张涛. 创客教育研究的现状、热点与趋势——基于2013～2016年CSSCI数据库刊载相关文献的知识图谱分析[J]. 现代教育技术，2017，27（5）：102-108.

[19]Kruengkrai C, Torisawa K, Hashimoto C, et al. Improving Event Causality Recognition with Multiple Background Knowledge Sources Using Multi-Column Convolutional Neural Networks[C]//AAAL 2017: 3466-3473.

[20]Kang D, Gangal V, Lu A, et al. Detecting and explaining causes from text fbr a time series event[J]. arXiv preprint arXiv: 1707.08852, 2017.

[21]祝薇，向雪琴，侯丽朋. 基于Citespace软件的生态风险知识图谱分析[J]. 生态学报，2018，38（12）：4504-4515.

[22]冯新翎，何胜，熊太纯. "科学知识图谱"与"Google知识图谱"比较分析——基于知识管理理论视角[J]. 情报杂志，2017，36（1）：149-153.

[23]Yates A, Cafarella M, Banko M, et al. Textrunner: open information extraction on the web[C]//Proceedings of Human Language Technologies: The Annual Conference of the North American Chapter of the Association fbr Computational Linguistics: Demonstrations. Association fbr Computational Linguistics, 2007: 25-26.

[24]Fader A, Soderland S, Etzioni O. Identifying relations tor open infonnation extraction[C]//Procecdings of the conference on empirical methods in natural language processing. Association fbr Computational Linguistics, 2011: 1535-1545.

[25]张德政，谢永红，李曼. 基于本体的中医知识图谱构建[J]. 情报工程，2017，3（1）：35-42.

[26]李涛，王次臣，李华康. 知识图谱的发展与构建[J]. 南京理工大学学报，2017，41（1）：22-34.

[27]刘璐祯，周为吉，郑荣宝. 基于学科知识图谱的国内土地资源管理学科演进及其进展研究[J]. 中国农业大学学报，2017，22（1）：189-202.

[28]Speer R, Havasi C. ConceptNet 5: A large semantic network fbr relational knowledge[M]//The People's Web Meets NLP. Springer, Berlin, Heidelberg, 2013: 161- 176.

[29]BIEGA J, KUZEY E, SUCHANEK F M. Inside yago2s: A transparent information extraction architecture[C]//Proceedings of the 22nd International Conference on World Wide Web. New York, NY, USA: ACM, 2013: 325-328.

[30]MAHDISOLTANI F, BIEGA J, SUCHANEK F. Yago3: A knowledge base from multilingual wikipedias[C]//7th Biennial Conference on Innovative Data Systems Research. Asilomar. California, USA: Cl DR, 2014.

[31]Bo Xu, Yong Xu, Jiaqing Liang, Chenhao Xie, Bin Liang, Wanyun Cui, and Yanghua Xiao. CN-DBpedia: A Never-Ending Chinese Knowledge Extraction System. In International Conference on Industrial, Engineering and Other Applications of Applied Intelligent Systems, pp. 428-438. Springer, Cham, 2017.

[32]李晨曦，吴克宁，吴靖瑶. 中国土地整治研究热点与发展趋势——基于CiteSpace的知识图谱分析[J]. 中国农业资源与区划，2017，38（11）：46-53.

[33]梁芳婷，蔡云楠. 基于CiteSpace知识图谱分析的国内外生态城市研究进展[J]. 华中建筑，2021，（3）：25-29.

[34]Xing Niu. Xinruo Sun, Hao fen Wang, Shu Rong, Guilin Qi and Yong Yu. Zhishi.me - Weaving Chinese Linking Open Data, Semantic Web In-Use track. The 10th International Semantic Web Conference (1SWC 2011).

[35]Jindong Chen, Ao Wang, Jiangjie Chen, Yanghua Xiao, et al. "CN-Probase: A Data-driven Approach fbr Large-scale Chinese Taxonomy Construction." 2019 IEEE 35th International Conference on Data Engineering (ICDE). IEEE, 2019.

[36]Chen Y, Xu L, Liu K, et al. Event extraction via dynamic multi-pooling convolutional neural networks[C]//Proceedings of the 53rd Annual Meeting of the Association for Computational Linguistics and the 7th International Joint Conference on Natural Language Processing (Volume 1: Long Papers). 2015, 1: 167-176.

[37]Liu S, Chen Y, Liu K, et al. Exploiting argument information to improve event detection via supervised attention mechanisms[C]//Proceedings of the 55th Annual Meeting of the Association for Computational Linguistics (Volume 1: Long Papers). 2017, 1: 1789-1798.

[38]Huang L, Ji H, Cho K, et al. Zero-Shot Transfer Learning for Event Extraction[J]. arXiv preprint arXiv: 1707.01066, 2017.

[39]Lin H, Lu Y, Han X, et al. Nugget Proposal Networks for Chinese Event Detection[J]. arXiv preprint arXiv: 1805.00249, 2018.

[40]Li Z, Ding X. Liu T. Constructing Narrative Event Evolutionary Graph fbr Script Event Prediction[J]. arXiv preprint arXiv: 1805.05081,2018.

[41]Yangqiu Song and Dan Roth. Machine learning with world knowledge: the position and survey. arXiv preprint arXiv: 1705.02908, 2017.

[42]Jens Lehmann, Robert Isele, Max Jakob, Anja Jentzsch, Dimitris Kontokostas, Pablo N

Mendes, Sebastian Hellmann. Mohamed Morsey, Patrick Van Kleef, Soren Auer, et al. DBpedia: a large-scale, multilingual knowledge base extracted fi-om wikipedia. Semantic Web. 6(2):167-195, 2015.

[43]Fabian M Suchanek, Gjergji Kasneci, and Gerhard Weikum. Yago: a core of semantic knowledge. In Proceedings of the 16th international conference on World Wide Web, pages 697-706, New York, NY, USA, 2007. ACM.

[44]Bo Xu. Yong Xu, Jiaqing Liang, Chenhao Xie, Bin Liang. Wanyun Cui. and Yanghua Xiao. Cndbpedia: A never-ending Chinese knowledge extraction system. In International Conference on Industrial, Engineering and Other Applications of Applied Intelligent Systems, pages 428-438, Berlin, Heidelberg, 2017. Springer.

[45]石李妍，叶绿，唐川．我国5G与人工智能融合发展研究态势——基于文献计量与知识图谱[J]．世界科技研究与发展，2021，43（6）：732-749．

[46]漆桂林，高桓，吴天星．知识图谱研究进展[J]．情报工程，2017，3（1）：4-25．

[47]GADIRAJU U, KAWASE R, DIETZE S, DEMARTINI G. Understanding Malicious Behavior in Crowdsourcing Platfonns: The Case of Online Surveys. Proceedings of ACM Conference on Human Factors in Computing Systems. Apr. 18-23, 2015. [C]. Seoul, Korea: ACM 2015.

[48]JIANG Y, SLTN Y, LIN X, HE L. Enabling Uneven Task Difficulty in Micro-task Crowdsourcing. Proceedings of ACM Conference on Supporting Group Work, Jan. 7-10, 2018. [C], Florida, USA: ACM 2018.

[49]LIU J. JI Y, LU W, XU K. Budget-Aware Dynamic Incentive Mechanism in Spatial Crowdsourcing. Journal of Computer Science and Technology, [J] 32(5):890-904, 2017.

[50]LI H, LI Y, XU F, ZHONG X. Probabilistic Error Detecting in Numerical Linked Data. Proceedings of International Conference on Database and Expert Systems Applications. Sep. 1-4, 2015. [C]. Valencia, Spain, 2015.

[51]潘佳宝，喻国明．新闻传播学视域下中国舆论研究的知识图谱（1986-2015）——基于文献计量学的研究[J]．现代传播：中国传媒大学学报，2017，（9）：1-11．

[52]李小涛，秦萍，钱玲飞.图情领域基本科学指标数据库高被引论文的知识图谱分析[J]．情报理论与实践，2017，40（2）：111-116．

[53]LIN X, PENG Y, XU J, CHOI B. Human-Powered Data Cleaning for Probabilistic Reachability Queries on Uncertain Graphs. [J].IEEE Transactions on Knowledge and Data Engineering.2017, 29(7): 1452-1465.